给水排水工程识图

主　编　刘　庆　凌泽富

副主编　韩贞瑜　韩洪彬

北京理工大学出版社

BEIJING INSTITUTE OF TECHNOLOGY PRESS

内 容 简 介

本书通过对给水排水工程的典型工作任务进行分析，结合实践应用，系统阐述了给水排水工程识图的基础知识。全书共分为5个单元，其中，单元1为识读建筑施工图，单元2为识读建筑给水施工图，单元3为识读建筑排水施工图，单元4为识读建筑消防给水施工图，单元5为识读居住小区给水排水管道施工图。

本书内容新颖全面、图文并茂、通俗易懂、易学好教。

本书由校企合作共同编写，可作为职业院校给水排水专业学生的教材，也可作为相关从业人员的业务参考书和培训教材。

图书在版编目(CIP)数据

给水排水工程识图／刘庆，凌泽富主编．—北京：北京理工大学出版社，2022.12

ISBN 978-7-5763-1812-8

Ⅰ．①给… Ⅱ．①刘… ②凌… Ⅲ．①给水工程-工程施工-识图②排水工程-工程施工-识图 Ⅳ．①TU991

中国版本图书馆CIP数据核字(2022)第206466号

出版发行／北京理工大学出版社有限责任公司
社　　址／北京市海淀区中关村南大街5号
邮　　编／100081
电　　话／(010)68914775(总编室)
　　　　　(010)82562903(教材售后服务热线)
　　　　　(010)68944723(其他图书服务热线)
网　　址／http://www.bitpress.com.cn
经　　销／全国各地新华书店
印　　刷／定州启航印刷有限公司
开　　本／889毫米×1194毫米　1/16
印　　张／13
字　　数／258千字
版　　次／2022年12月第1版　2022年12月第1次印刷
定　　价／36.00元

责任编辑／张荣君
文案编辑／张荣君
责任校对／周瑞红
责任印制／边心超

前言

FOREWORD

随着经济的快速发展，我国的建筑技术水平得以迅速提高。对于施工人员，快速和准确地识读给水排水施工图是一项基本技能。为保证设计构思的准确实现，以及工程的质量，必须充分重视给水排水施工图的识读与绘制。

本书系统地介绍了建筑给水排水施工图的专业知识，以及建筑给水排水施工图的阅读方法、要领和技巧，列举了大量给水排水施工图的图例和工程实图，以便学生能在短时间内掌握给水排水施工图的识读方法。

本书旨在培养学生的学习兴趣，逐渐提高其创新精神、实践能力及工匠精神；培养学生运用所学知识与技能解决实际问题的能力，使其养成良好的工作方法、工作作风和职业道德，为未来的职业生涯打下坚实的基础。

本书以职业能力和职业素养培养为重点，根据行业岗位需求、给水排水专业人才培养目标选取教材内容，根据工作过程系统化的原则设计学习任务及工作手册。

本书采用工学结合的一体化课程模式，采用模块化的编写模式，将“课程思政”“知识学习、职业能力训练和综合素质培养”贯穿于教学全过程，让学生在技能训练过程中加深对专业知识、技能的理解和应用，培养学生的综合职业技能，全面体现职业教育的新理念。

本书具有以下特色：

1. 用模块化设计方式，教学素材选取贴近给水排水相关职业的工作实际。

本书采用模块化设计方式，以给水排水施工图的识读为总的工作任务，并结合职业教育思想、职业成长规律和工作顺序，将总的工作任务分解为多个学习任务，并配备了工作手册。配备的工作手册将学习与工作紧密结合，并以“学习的内容是工作，通过工作实现学习”为宗旨，以此促进学习过程的系统化，并使教学过程更贴近企业生产实际。

本书突出了工作手册对学生实操过程的指导作用，并将工作过程的关键步骤具体标明，以达到学生只要依据工作手册便可基本的独立完成整个工作过程操作的效果。

2. 现工学结合的职业教育思想。

本书根据给水排水施工图绘制与识读的工作顺序，依据职业成长规律分解工作任务，让学生从识读建筑施工图开始，最终能够识读较复杂的居住小区给水排水管道施工图。当学生完成了项目任务后，基本完成了从生手到熟手的职业成长。

3. 每个模块精心选择典型案例。

本书中每个模块均配有典型的给水排水施工图，给水排水施工图的案例都由编者精心选择，并亲自实践，力求让学生掌握给水排水施工图的识读方法与技巧。

由于编者水平有限，加上实践经验不足，书中难免存在缺点和不足之处，恳请广大读者批评指正！

编　者

目录

CONTENTS

单元 1

识读建筑施工图

单元导读

建筑施工图是建筑工程所用的，一种能够十分准确地表达出建筑物的外形轮廓、大小、尺寸、结构构造和材料做法的图样。建筑施工图一般包括建筑总平面图、建筑平面图、建筑立面图、建筑剖面图等内容，并主要采取正投影法绘制。

通过学习学生将掌握建筑施工图的基本识读要领，对建筑施工图有一个清晰的认知。

学习目标

1. 结合各种看图实例，理解并掌握建筑施工图的内容及看图的方法和步骤。

2. 掌握建筑施工图的识图方法与技巧，为后期学习给水排水制图打好基础，做好铺垫。

3. 引导学生形成耐心细致、追求专注的学习与工作作风和严肃认真的工作态度，激发学生对行业的热爱。

思维导图

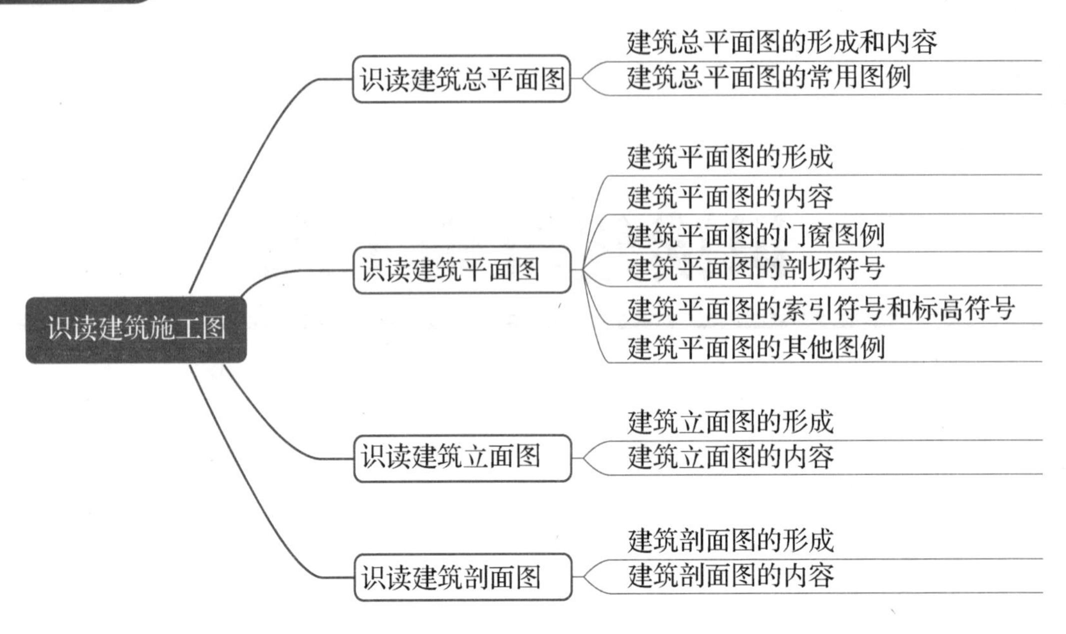

1.1 识读建筑总平面图

建筑总平面图是标明建筑物建设所在位置的平面状况的布置图，是表明新建房屋及其周围环境的水平投影图。它主要反映新建房屋的平面形状、位置、朝向及与周围地形、地貌的关系等。在建筑总平面图中用一条粗虚线来表示用地红线，所有新建、拟建房屋不得超出此红线，并满足消防、日照等规范。建筑总平面图中的建筑密度、容积率、绿地率、建筑占地、停车位、道路布置等应满足设计规范和当地规划局提供的设计要点，其常用的比例是1∶500、1∶1000、1∶2000等。

1.1.1 建筑总平面图的形成和内容

总平面图实际上是一种示意图，它除了建筑轮廓、等高线等符合投影关系外，其他的内容都是根据国家标准《总图制图标准》（GB/T 50103—2010）中所规定的图例符号来标明的。图线的宽度应根据图样的复杂程度和比例，按《房屋建筑制图统一标准》（GB/T 50001—2017）中图线的有关规定执行。

总平面图是总体设计的产物，具有全局性的指导作用。它是将新建工程四周一定范围内新建、拟建、原有和拆除的建筑物、构筑物连同其周围的地形、地貌用水平投影的方法和相应的图例所画出的图样，是新建房屋定位、施工放线、布置施工现场的依据。

建筑总平面图的基本内容包括：

1）新建建筑物。拟新建建筑物用粗实线框表示，且在线框内用数字或黑点表示建筑层数，并标出标高。

2）新建建筑物的定位。通常利用原有建筑物、道路、坐标等来定位，并确定新建房屋和拟建房屋的定位尺寸或坐标。

3）新建建筑物的室内外标高。我国把青岛市外的黄海海平面作为零点所测定的高度尺寸，称为绝对标高。在建筑总平面图中，用绝对标高表示高度数值，单位为“m”。

4）相邻有关建筑、拆除建筑的大小、位置或范围。原有建筑用细实线框表示，且在线框内，也用数字表示建筑层数。拟建建筑物用虚线表示，拆除建筑物用细实线表示，并在其细实线上打叉。

5）附近的地形、地物等，如等高线、道路、水沟、河流、池塘、土坡等。

6）指北针和风向频率玫瑰图。

7）绿化规划、管道和电线布置。

8）道路（或铁路）和明沟等的起点、变坡点、转折点、终点的标高与坡向箭头。以上内容并不是所有建筑总平面图必需的，可根据具体情况加以选择。例如，对于一些简单的工程，可以不必绘制等高线、坐标网或绿化规划和管道布置等。

9）图例与名称，建筑总平面图常用比例为 1∶500、1∶1000、1∶2000 等。

1.1.2 建筑总平面图的常用图例

建筑总平面图通常采用较多的图例符号来表达需要给出的内容，因此我们必须熟悉其常用的图例。现行国家标准《总图制图标准》（GB/T 50103—2010）中的部分图例如表 1-1 所示，当绘制的建筑总平面图中采用了非现行国家标准规定的自定图例时，则必须在建筑总平面图中另行说明，并注明所用图例的含义。

表1-1 建筑总平面图常用图例

名称	图例	备注
新建建筑物	X= Y= ① 12F/2D H=59.00 m	1. 新建建筑物以粗实线表示与室外地坪相接处±0.00外墙定位轮廓线。 2. 建筑物一般以±0.00高度处的外墙定位轴线交叉点坐标定位。轴线用细实线表示，并标明轴线号。 3. 根据不同设计阶段标注建筑编号，地上、地下层数，建筑高度，建筑出入口位置（两种表示方法均可，但同一图样采用一种表示方法）。 4. 地下建筑物以粗虚线表示其轮廓。 5. 建筑上部（±0.00以上）外挑建筑用细实线表示。 6. 建筑物上部连廊用细虚线表示并标注位置
原有建筑物		用细实线表示
计划扩建的预留地或建筑物		用中粗虚线表示
拆除的建筑物		用细实线表示
围墙及大门		—
坐标	1. X=105.00 Y=425.00 2. A=105.00 B=425.00	1. 表示地形测量坐标系。 2. 表示自设坐标系。 坐标数字平行于建筑标注
方格网交叉点标高	−0.50 | 77.85 78.35	“78.35”为原地面标高。 “77.85”为设计标高。 “−0.50”为施工高度。 “−”表示挖方（“+”表示填方）

续表

名称	图例	备注
室内地坪标高	151.00 (±0.00)	数字平行于建筑物书写
室外地坪标高	143.00	室外标高也可采用等高线
原有的道路		—
棕榈植物		—

建筑总平面图中建筑物的朝向一般采用两种方式进行表达，一种方式是采用指北针，其形式如图 1-1（a）所示。另一种方式为采用风频率玫瑰图（简称风玫瑰图），其形式如图 1-1（b）所示。风玫瑰图是建筑总平面图上用来表示该地区年风向频率的标志。它是以十字坐标定出东、西、南、北、东南、东北、西南、西北等 16 个方向后，根据该地区多年平均统计的各个方向吹风次数的百分数值，绘制成的折线图。该图上所表示的风的吹向，是指从外面吹向地区中心的。风玫瑰图的形状如图 1-1（b）所示，此风玫瑰图说明该地多年平均的最大频率风向是西北风；虚线表示夏季的主导风向。

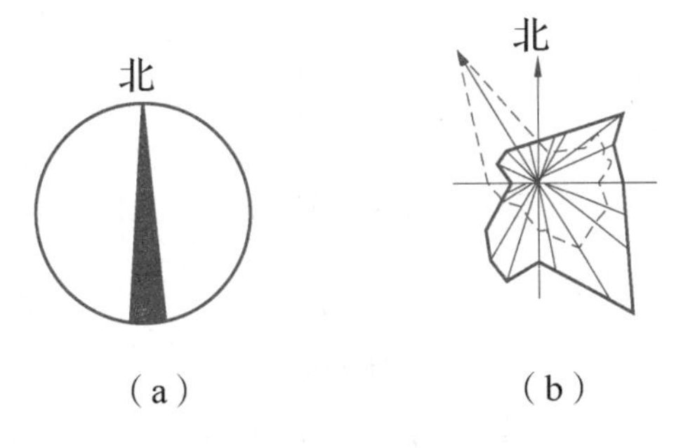

（a）　　（b）

图 1-1　指北针和风玫瑰图的表示方法

案例分析

下面以图 1-2 所示某办公区办公建筑总平面图为例，说明建筑总平面图的主要内容和阅读方法。

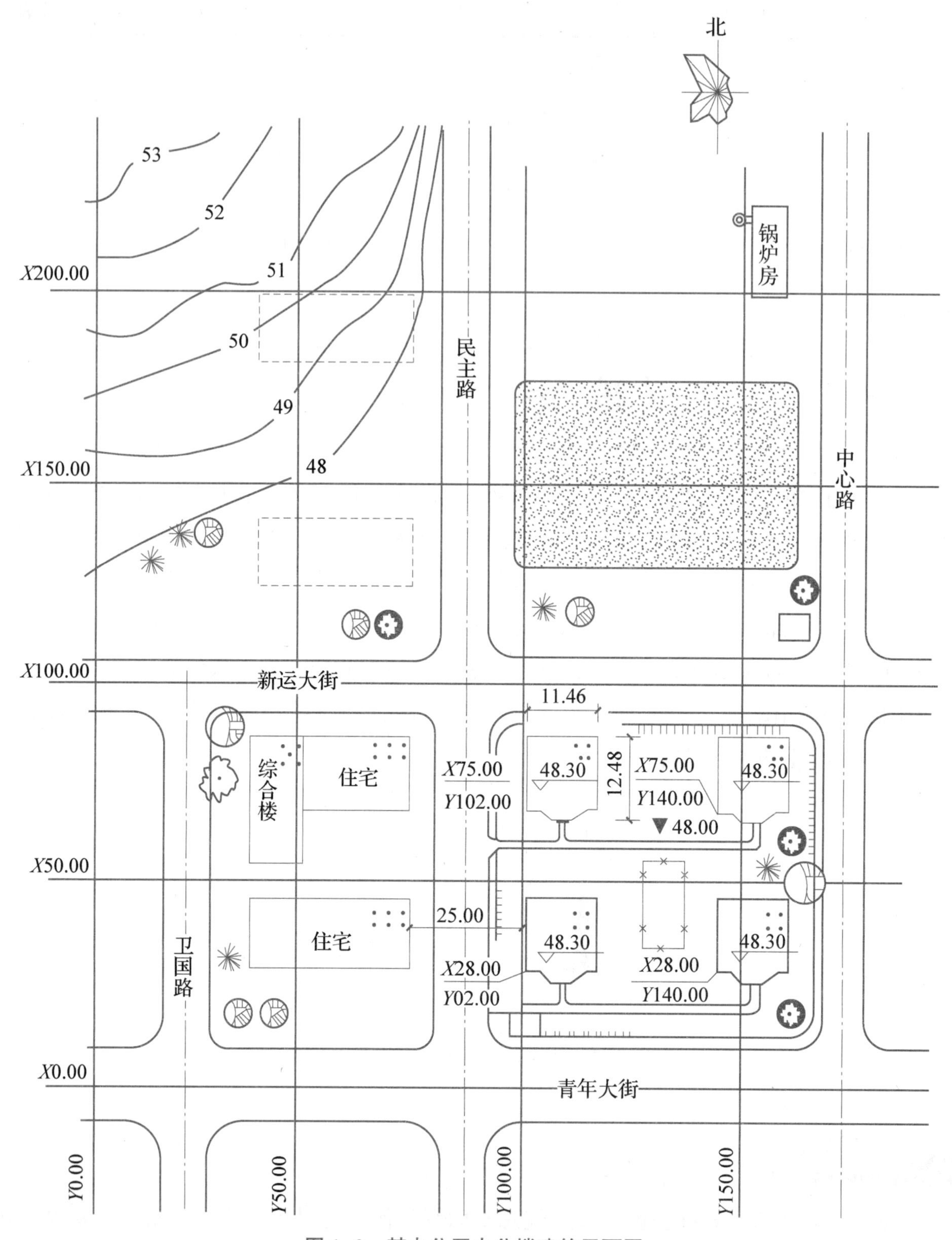

图 1-2 某办公区办公楼建筑平面图

识读步骤如下。

步骤 1：识读出新建建筑和其朝向。

从图 1-2 中可以看出，由于 4 栋房屋带有标高，且明确表示与周围建筑物的位置关系，因此这4栋房屋均为新建的建筑物，房屋层数由屋顶的黑点数量表示（房屋右上角有4个黑点表示房屋为4层）。通常情况下，新建房屋的朝向由建筑总平面图中的指北针或带有指北针的风玫瑰图来确定。本例中，采用带指北针的风玫瑰图表示整个建筑小区的朝向，新建建筑均为坐北朝南的方向。从风玫瑰图上可知，该地区常年主导风向为西北风，这可作为施工人员在安排施工时的一项考虑因素。

步骤2：判定新建建筑物的定位。

新建建筑物和构筑物的定位通常通过以下3种方式。

1）以测量坐标定位，画出交叉十字坐标网格，用“X，Y”表示测量坐标。

2）以施工坐标定位，画出网格通线，用代号“A，B”表示施工坐标。

3）以与原有建筑的相对位置定位，用线性尺寸标注出与原有建筑的距离，确定新建建筑的位置。

在本例中，新建建筑物的定位采用第一种方式，即用“X，Y”表示新建建筑的准确坐标。在图1-2中标注了新建建筑物西南角的坐标，分别为$X=75.00$和$Y=102.00$，$X=75.00$和$Y=140.00$，$X=28.00$和$Y=102.00$，$X=28.00$和$Y=140.00$，坐标值以“m”为单位。

步骤3：识读尺寸和标高。

建筑总平面图中的标高和距离等尺寸通常以“m”为单位，取小数点后两位，不足时以“0”补齐。图1-2中新建建筑物距离小区西侧的住宅25.00m。建筑物东西方向的总长为11.46m（轴线距离），南北方向的总长为12.48m（轴线距离）。在建筑总平面图中应标注新建建筑首层地面和室外整平地坪的绝对标高。本例中新建建筑的首层地面±0.00的绝对标高为48.30m，而建筑物的室外整平地坪绝对标高为48.00m，室内外高差为0.3m。

步骤4：识读与房屋建筑有关的事项。

如新建建筑周围的道路、现有室内水源干线、下水管道干线、电源可引入的电杆位置等（图1-2中除道路外均未有标出，这是泛指）。例如，图1-2中还有等高线、绿化、原有建筑（实线绘制）、预拆除建筑（实线上面打叉绘制）和计划扩建的建筑（虚线绘制）等标志，这些都是在看完建筑总平面图后应了解的内容。

如果从以上4点能把建筑总平面图看明白，基本上就会看建筑总平面图了。

1.2 识读建筑平面图

建筑平面图简称平面图，是将新建建筑物或构筑物的墙、门窗、楼梯、地面及内部功能布局等建筑情况以水平投影方法标明并标出相应的图例图样。

1.2.1 建筑平面图的形成

建筑平面图就是将房屋用一个假想的水平剖切面，沿房屋外墙上的窗口（位于窗台稍高一点）的地方水平切开，并对剖切面以下部分进行水平投影所得的剖切面即为房屋的平面图（图1-3）。它表示房屋的平面形状、大小和房间的布局，墙、柱的位置、尺寸、厚度和材料，门窗的类型和位置等情况。

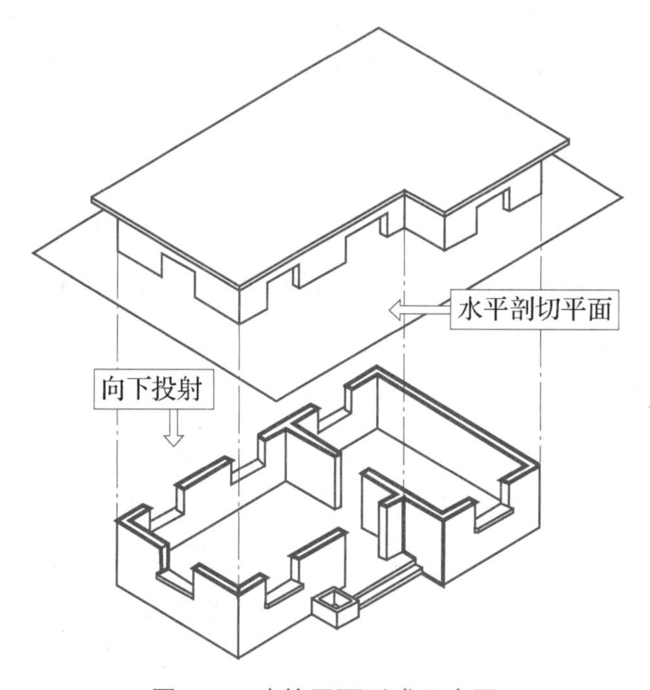

图1-3 建筑平面形成示意图

1.2.2 建筑平面图的内容

建筑平面图的基本内容包括：

1）房屋的平面外形、总长、总宽和建筑面积。

2）墙、柱、墩、内外门窗位置及编号，房间的名称或编号，定位轴线及编号。

3）室内外的有关尺寸，如轴线总尺寸、轴线间尺寸门窗洞口尺寸等，以及室内楼、地面的标高（首层地面±0.000）。

4）电梯、楼梯位置（注明规格），楼梯上下方向及主要尺寸。

5）主要结构和建筑构造部件的位置、尺寸和做法索引，如阳台、雨篷、踏步、斜坡、竖井、烟囱、雨水管、散水等位置和尺寸。

6）主要建筑设备和固定家具的位置及相关做法索引，如卫生器具、水池、隔断及重要设备位置。

7）地下室、地坑、地沟、阁楼（板）、检查孔、墙上预留孔等的位置及高度，若是隐蔽的或在剖切面以上，则采用虚线表示。

8）剖面图的剖切符号和编号（通常标注在首层平面图中）。

9）标注有关部位的节点详图或详图索引符号。

10）在首层平面图中，绘制指北针符号、剖切符号和编号。

11）屋顶平面图的内容，主要包括女儿墙、檐沟、屋面坡度、分水线、落水口、变形缝、天窗及其他构筑物、索引符号等。

12）图纸的名称和比例。实际工程中常用 1∶100 的比例绘制。

13）变形缝的位置、尺寸及做法索引。

14）车库的停车位（无障碍车位）和通行路线。

以上内容可根据具体建筑物的实际情况的不同而有所不同。

1.2.3　建筑平面图的门窗图例

现行国家标准《建筑制图标准》（GB/T 50104—2010）规定的各种常用门窗图例，如表 1-2 所示（包括门窗立面和剖面图例）。

表 1-2　常用门窗图例（部分）

名称	图例	名称	图例
单面开启单扇门（包括平开或单面弹簧）	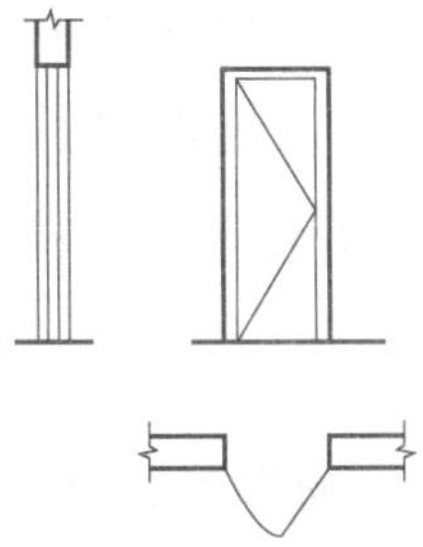	单面开启双扇门（包括平开或单面弹簧）	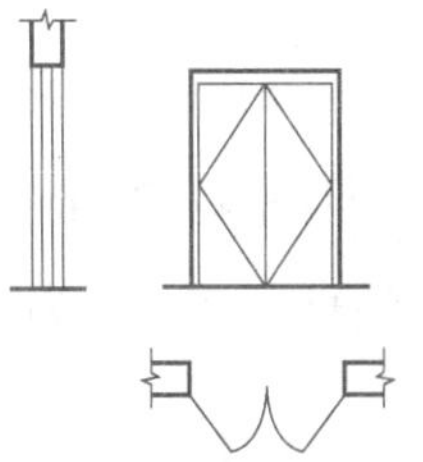
单层外开平开窗	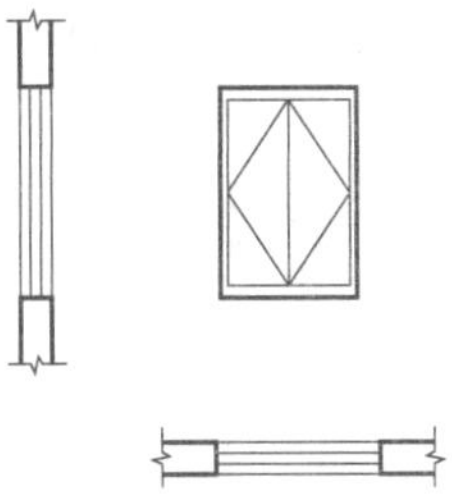	双层内外开平开窗	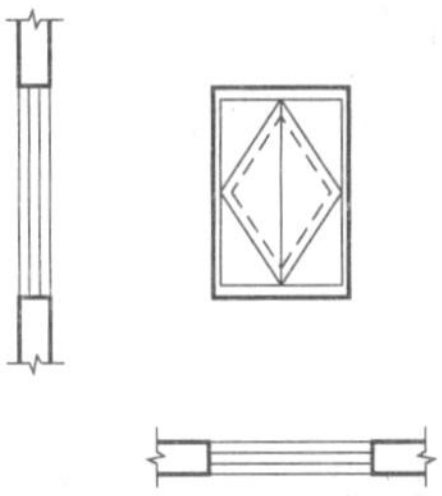

1.2.4 建筑平面图的剖切符号

根据现行国家标准《房屋建筑制图统一标准》（GB/T 50001—2017）的规定，剖切符号一般绘制在建筑物轮廓线之外，具体表示方法如图 1-4 所示。

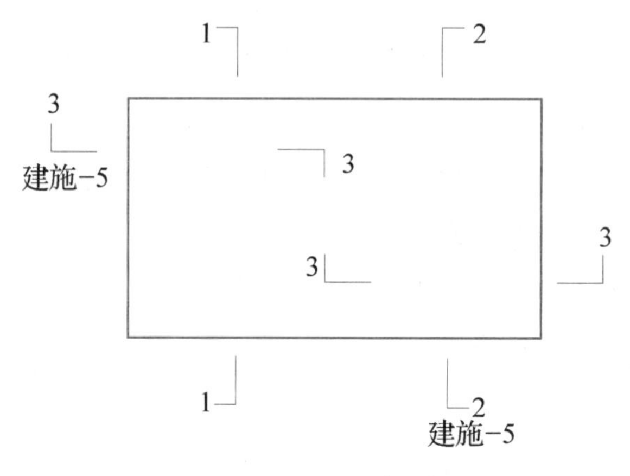

图 1-4 剖切符号表示方法

1.2.5 建筑平面图的索引符号和标高符号

用一引出线指出需要给出详图的位置，在引出线的另一端画一个直径为 10mm 的细实线圆，圆内过圆心画一条水平直线，上半圆中用阿拉伯数字注明该详图的编号，下半圆中用阿拉伯数字注明该详图所在图样的编号。若详图与被索引的图样在同一张图样内，则在下半圆中间画一条水平细实线。若所引出的详图采用标准图，应在索引符号水平直径的延长线上加注该标准图集的编号，如图 1-5 所示。标高符号以细实线绘制，其注写方法如图 1-5 所示。标高数值以“m”为单位，通常精度为小数点后三位。

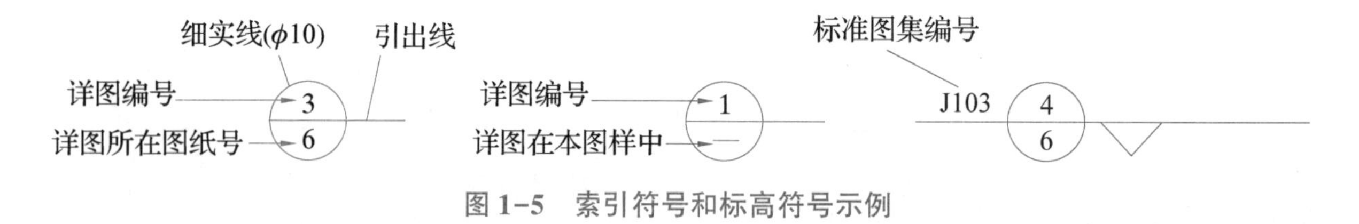

图 1-5 索引符号和标高符号示例

1.2.6 建筑平面图的其他图例

在建筑首层平面图中，还应表示楼梯、散水、室外台阶、花池等设施的位置及尺寸，有关图例如表 1-3 所示。

表 1-3 构造及配件图例（部分）

名称	图例	备注
楼梯	下 （a） 下 上 （b） 上 （c）	（a）为顶层楼梯平面，（b）为中间层楼梯平面，（c）为底层楼梯平面
坡道	下	长坡道
台阶	下	

案例分析

下面以某住宅楼的建筑平面图为例，说明建筑平面图的主要内容和识读方法。

1. 识读地下层平面图

建筑的地下部分由于在室外地面之下，采光、通风、防水、结构处理及安全疏散等设计问题，均较地上层复杂。有些建筑还设有机电设备用房、汽车库、人防地下室工程，这些用房均各有特殊的使用和工艺要求，设计难度比较大，设计者必须给予足够的重视。除对建筑专业本身的技术问题进行合理设计外，还应满足其他专业的要求。例如，设备机房，其大小和定位在相应专业的施工图上表示，建筑施工图可用虚线示意。

图 1-6 为某住宅地下一层平面图，其主要功能是作为居民的库房使用。其地下层的竖井、风井、主要楼电梯位置、建筑结构等均与地上层建筑保持一致。

2. 识读底层平面图

建筑物的底层（很多设计单位将建筑物的底层统称为一层或首层）是地下与地上的相邻层，并与室外相通，是建筑物上下和内外交通的枢纽。在施工图的表达中，一般包含以下信息：

1）图样的名称和比例。如图 1-7 所示，建筑施工图的图名为“首层平面图”，绘图比例为 1∶100。

2）朝向。在首层平面图中，需要在图中明显的位置绘制出指北针，并且所指的方向应与建筑总平面图一致。

3）线型。在建筑平面图中，粗实线通常表示被水平剖切到的墙、柱的断面轮廓线；中粗虚线表示被剖切到的门窗的开启示意线；细实线表示尺寸标注线、引出线、未剖切到的可见线等；细单点长画线表示定位轴线和中心线等。

从图 1-7 中可以看出，该建筑物为剪力墙结构，图中涂黑的部分为剪力墙断面，其尺寸通常在结构施工图中给出。

4）定位轴线。定位轴线是各构件在长宽方向的定位依据。凡是承重的墙、柱，都必须标注定位轴线，并按顺序予以编号。在建筑平面图中，水平方向的轴线采用阿拉伯数字从左至右依次编号，竖直方向的轴线采用大写的拉丁字母从下至上依次编号。需要注意的是，拉丁字母中的 I、O、Z 不得用于轴线编号，以免与数字 1、0、2 混淆。对于一些与主要承重构件相联系的次要构件，它的定位轴线一般可作为附加轴线，编号采用分数表示，其中分母表示前一轴线的编号，分子表示附加轴线的编号，用阿拉伯数字编写。图 1-7 中，房屋建筑水平方向的定位轴线有 12 条，编号从 1~25，南北方向的定位轴线有 13 条，编号从 A~N。所有定位轴线均处于墙或柱的中心位置无偏心产生。

5）材料图例。在建筑平面图中，承重结构的建筑材料应按现行国家标准规定的图例来绘制。现行国家标准规定若平面图比例小于或等于 1∶50，则不绘制材料图例，砌体承重材料只用粗实线绘出轮廓即可，但对于钢筋混凝土材料则必须以涂黑进行表示。

6）平面布局和门窗编号。图 1-7 中房屋建筑是一栋住宅楼，入户门位于建筑物的北侧，共由 4 户组成，每户都有一套独立完整的功能。

图 1-7 中窗框和窗扇的位置用 4 条平行的细实线表示，并对门窗进行编号。通常情况下，门的名称代号为 M、窗的名称代号为 C，同一编号表示同一类型的门窗，它们的构造和尺寸均一样。

7）尺寸标注。建筑平面图中的尺寸标注分为外部尺寸标注和内部尺寸标注。外部尺寸标注是在建筑物轮廓线之外标注尺寸，一般在水平方向和竖直方向各标注 3 道，最外一道尺寸标注房屋水平方向的总长、总宽，称为总尺寸；中间一道尺寸标注相邻两轴线之间的距离称为轴线尺寸，用以说明房屋的开间、进深尺寸。最里面的一道尺寸标注以轴线定位的房屋外墙的墙段及门窗洞口尺寸，称为细部尺寸。此外，台阶（或坡道）、花池及散水等细部尺寸可单独标注。图 1-7 中，房屋建筑的总长为 40 600mm，总宽为 21 700mm。建筑的细部尺寸：位于 3、4 轴之间的 C1518 窗洞口的宽度为 1 500mm。如相同尺寸太多，可省略不注出，而在图形外用文字说明。

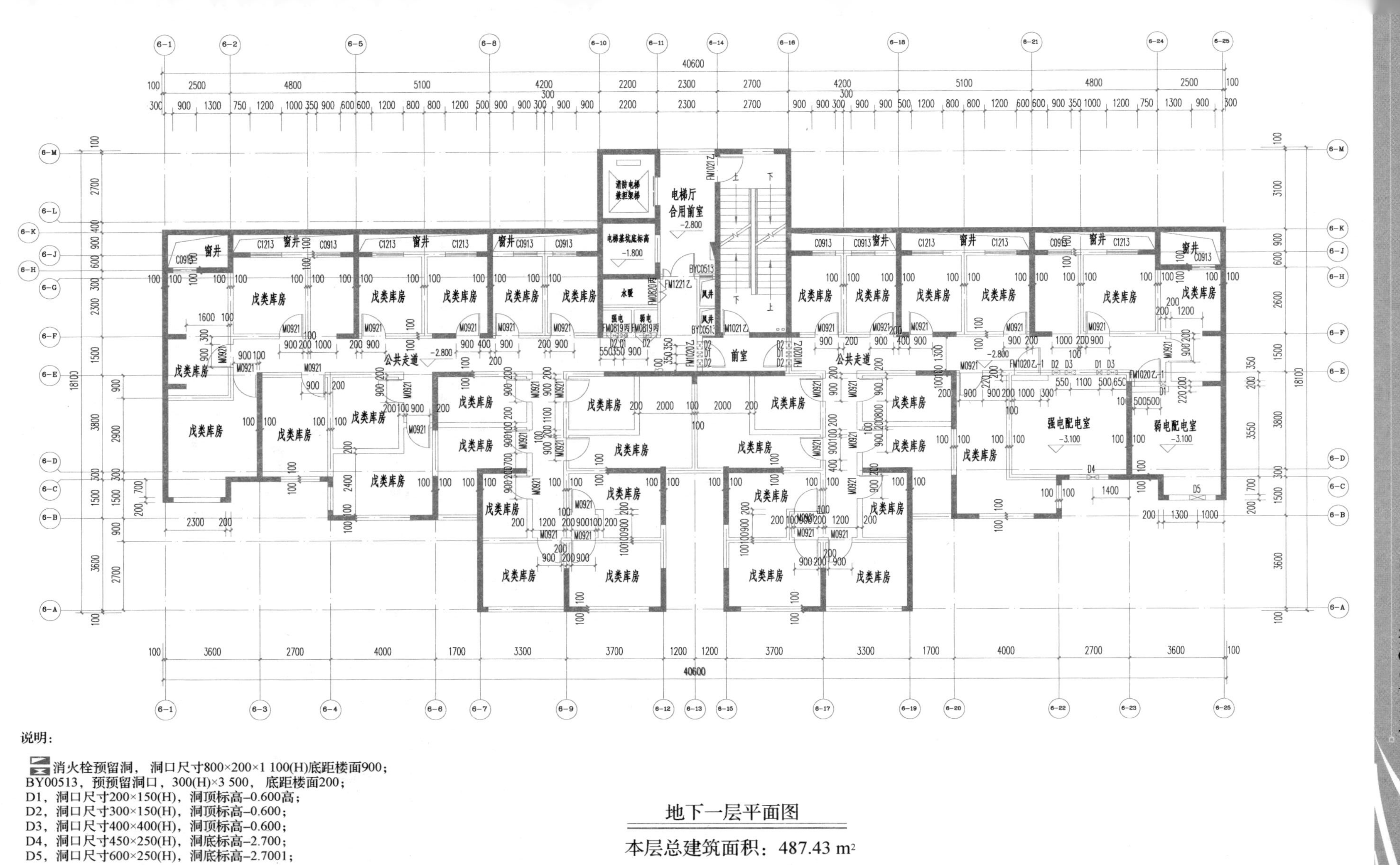

说明：

消火栓预留洞，洞口尺寸800×200×1 100(H)底距楼面900；
BY00513，预预留洞口，300(H)×3 500，底距楼面200；
D1，洞口尺寸200×150(H)，洞顶标高-0.600高；
D2，洞口尺寸300×150(H)，洞顶标高-0.600；
D3，洞口尺寸400×400(H)，洞顶标高-0.600；
D4，洞口尺寸450×250(H)，洞底标高-2.700；
D5，洞口尺寸600×250(H)，洞底标高-2.7001；
户型内的定位尺寸详见户型大样图，楼电梯内定位尺寸详见楼电梯大样图。

图1-6 某住宅地下层平面图

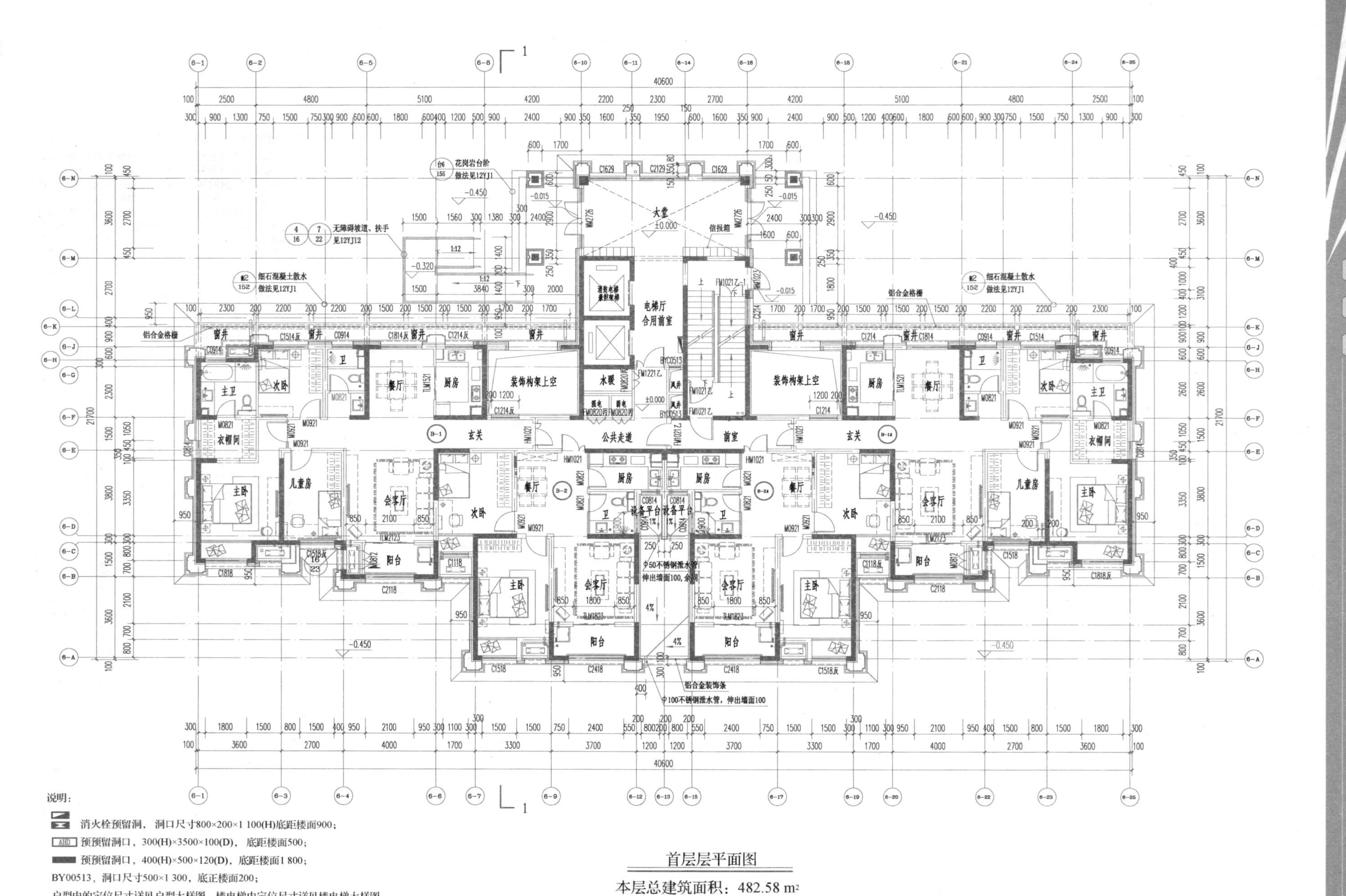

图1-7　某住宅楼首层平面图

内部尺寸标注是在建筑物轮廓线之内标注尺寸，主要标注房屋内部门窗洞口、门垛等细部尺寸，以及标注各房间长、宽方向的净空尺寸、墙厚、柱子截面和房屋其他细部构造的尺寸。在建筑平面图上，除了标注出各构件长度和宽度及定位尺寸之外，还要标注出楼、地面的相对标高。图 1-7 中建筑首层地面的相对标高为±0.000，建筑物南侧的室外相对标高为-0.450，即表明室外地面比室内地面低 450mm。

8）剖切符号。图 1-7 中给出了 1—1 剖面的剖切位置及剖切符号，该剖面采用了直线型剖切的方式。剖切面在建筑的首层从北至南分别剖切到窗井、装饰构架、玄关、次卧、主卧，投影方向指向剖面编号 1（即朝东的方向）。

9）索引符号和标高符号。为了方便施工时查阅图样中的某一局部或构件，如需另见详图时，通常采用索引符号注明详图的位置、详图的编号和详图所在的图样编号。

在建筑平面图中，室内外地坪、楼地面、檐口等位置的标高通常采用相对标高，即以房屋首层地面作为相对零点（±0.000）进行标注。当所标注的标高高于±0.000 时为正，注写时省略“+”号；当所标注的标高低于±0.000 时为“-”，注写要在标高数字前加注“-”号。

10）其他。在建筑首层平面图中，可以给出房屋的散水沿外墙布置，如图 1-7 中所示房屋的散水沿外墙宽度为 950mm，房屋室外台阶共三级踏步，每级踏步的宽度为 300mm，高度为 150mm。

3. 识读中间层平面图

中间层平面是指建筑物二层及二层以上的各层平面。完全相同的多个楼层平面（又称标准层）可以共用一张平面图，但须注明各层的标高，且图名应写明层次范围。图 1-8 所示是某住宅楼 3~17 层平面图。由图 1-8 可知，其表达方式与一层平面图基本相同。主要的不同之处是，属于房屋一层的构配件没有绘出，如属于首层的室外台阶、散水等，但在房屋的四周分别绘出了阳台的投影。

4. 识读屋顶平面图

屋顶平面图是假想人站在空中将屋面上的构配件直接向水平投影面投影所得的正投影图。屋顶平面图的比例可与其他层的平面图比例一致，若屋顶平面比较简单，也可采用较小的比例绘制。在屋顶平面图中，最重要的是需要绘出屋面的排水方式和方向，其他需要给出的有屋顶的外形，屋脊、屋檐等的位置，以及女儿墙、排水管、烟囱、屋面出入口等的设置。某住宅楼屋顶平面图如图 1-9 所示。从图 1-9 中可以看出，该建筑采用有雨水管的双坡有组织排水方式，排水坡度为 1%、2%，在建筑北侧设置 4 个雨水管。

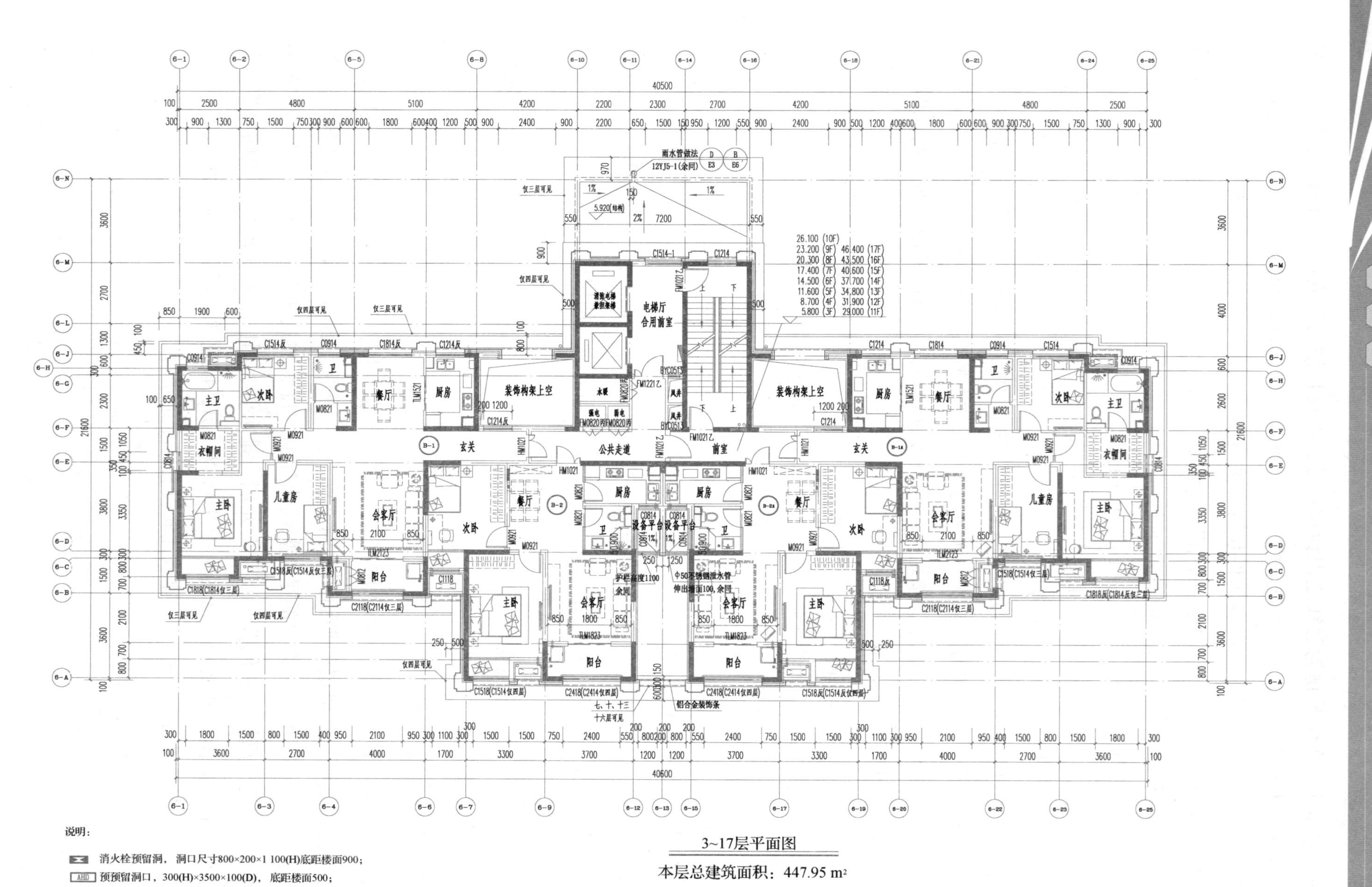

图1-8 某住宅楼3~17层平面图

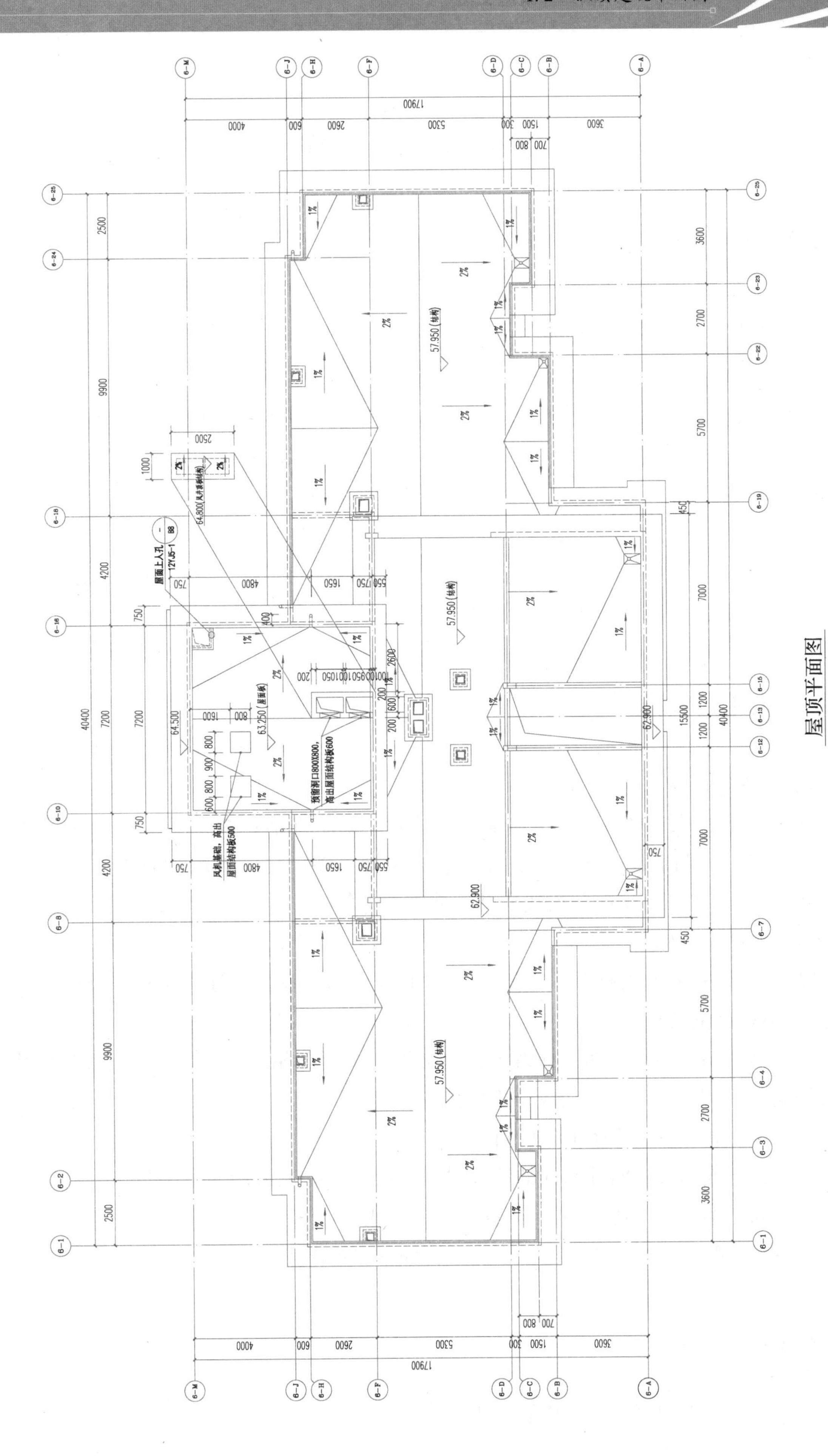

屋顶平面图

图1-9 某住宅楼屋顶平面图

1.3 识读建筑立面图

在与建筑物立面平行的铅垂投影面上所做的投影图称为建筑立面图，简称立面图。

1.3.1 建筑立面图的形成

建筑立面图是指将建筑物的各个侧面，向与它平行的投影面进行正投影所得的投影图。其中，反映房屋主要出入口或比较显著反映房屋外貌特征那一面的视图称为正立面图；相应地，把其他各立面图称为侧立面图和背立面图。立面图命名可以按照房屋的朝向命名，如南立面图、东立面图、西立面图、北立面图，也可以按建筑物轴线编号从左至右来命名，如①~⑪立面图。当房屋的立面为圆弧形、折线形、曲线形，即有一部分不平行于投影面时，将该部分展开后用正投影方法画出其立面图，相应的图名为××立面展开图。

1.3.2 建筑立面图的内容

建筑立面图一般包括以下内容。

1）立面外轮廓及主要结构和建筑构造部件的位置，如室外地坪线、房屋的檐口、勒脚、台阶、花台、门、窗、门窗套、雨篷、阳台，室外楼梯、墙、柱，外墙的预留孔洞、屋顶（女儿墙或隔热层）、雨水管、墙面分格线或其他装饰构件等。

2）外墙各主要部位的标高，如室外地坪、台阶、窗台、门窗顶、阳台、雨篷、檐口、突出屋面部分最高点等处完成面的标高，一般立面图上可不标注线性尺寸，但对于外墙上的留洞需要给出其大小和定位尺寸。

3）给出建筑物两端或分段的轴线并编号，且必须与平面图相对应。立面转折较为复杂时可用展开立面表示，但应准确标明转角处的轴线编号。

4）各部分构造、装饰节点详图的索引符号。

5）用图例、文字或列表说明外墙面的装饰材料及做法（一般采用文字说明）。

6）图样名称和比例。常见比例为1∶100、1∶150或1∶200等。

7）外装修用料、颜色、做法等，一般会直接标注在立面图上。

案例分析

下面采用图1-10来说明立面图的内容和识读方法。

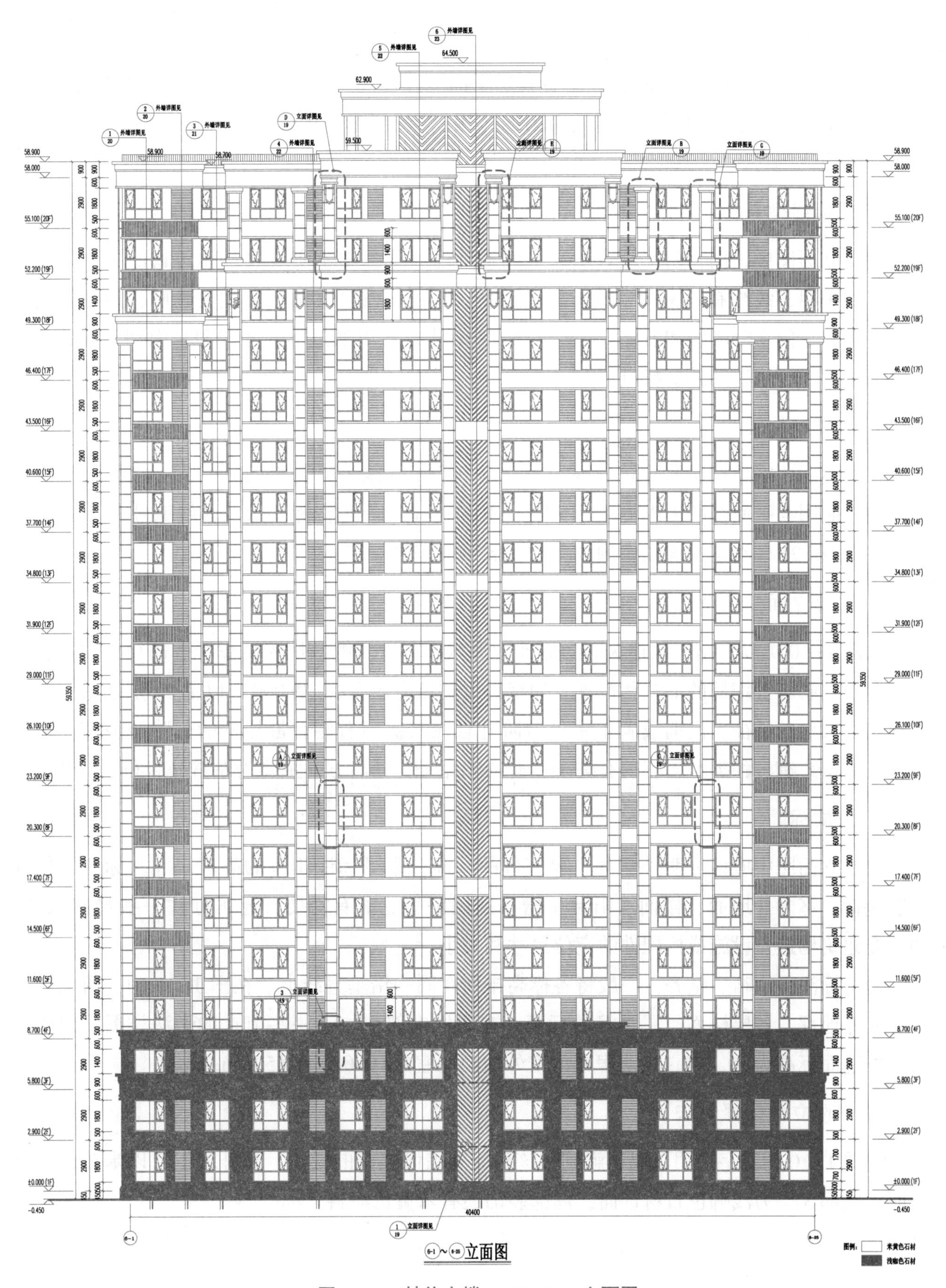

图 1-10　某住宅楼 6-25~6-1 立面图

1. 识读图样名称、比例

图名为“6-25~6-1 立面图”，结合首层平面图（图 1-7）可知该立面图是房屋朝南的立面，因此也可称为南立面图。建筑立面图的比例应与平面图一致，如本单元所示平面图和立面图的绘图比例均为 1：100。

2. 识读线型

建筑立面图中，用特粗实线表示建筑的室外地坪线，用粗实线表示建筑物的主要外形轮廓线，用中粗实线绘制门窗洞口、阳台、雨篷、台阶、檐口等构造的主要轮廓，用细实线描绘各处细部、门窗分隔线和装饰线等。在图 1-10 中，可以通过不同的线型来识别不同的建筑构件，了解主要构造的外形特点。

3. 识读定位轴线

在立面图中需要在房屋建筑的两端标注出轴线，其编号应与平面图一致，以便能够清晰地反映立面图与平面图的投影关系。在图 1-10 中标有与平面图相一致的轴线编号 6-1~6-25，表明 6-1~6-25 轴线与平面图中的 6-1~6-25 轴线完全对应。

4. 识读立面外貌特征

从图 1-10 可以看出，该建筑的立面外貌形状，可以了解该房屋的屋顶、门窗、雨篷、阳台、台阶、勒脚等细部的形式和位置。如该房屋建筑为地面（±0.000）以上 17 层建筑，立面呈现左右对称的特征。门前设置了室外台阶并且在右侧门右侧有带栏杆的无障碍坡道。该房屋建筑的窗户有多种类型，有的有亮子，有的无亮子，开启方向主要为左右开启和上下开启。

5. 识读标高

建筑立面图中应该标明外墙各主要部位的标高，也可标注相应的高度尺寸。标注的位置一般包括：室内外地面、楼面、阳台、檐口及门窗等。如有需要，还可标注一些局部尺寸，如补充建筑构造、设施或构配件的定位尺寸和大小。

为了标注得清晰、整齐，一般将各标高排列在同一铅垂直线上。在图 1-10 中，两侧均注写了室外地坪、各层楼面、屋顶等的标高，在图样内部引注了一些节点的做法详图。如该建筑室外地面标高为-0.450，表明房屋的室外地面比室内±0.000 低 450mm。

6. 识读立面装修做法

从图 1-10 的文字说明可以了解到，该房屋外墙面装修的做法，如外墙主要以米黄色石材饰面，底部 3 层为浅咖色石材饰面，局部装饰还有米黄色涂料。

1.4 识读建筑剖面图

建筑剖面图（简称剖面图）是假想用一个或多个垂直于外墙轴线的铅垂剖切面将房屋剖开，移去剖切平面与观察者之间的房屋部分，对余下部分房屋进行投影所得到的正投影图。剖面图用以表示房屋内部的结构或构造形式、分层情况和各部位的联系、材料及其高度等，是与平面图、立面图相互配合的不可缺少的重要图样之一。

1.4.1 建筑剖面图的形成

剖面图的数量可根据房屋的具体情况和施工实际需要确定。剖切面一般选择横向，即平行于房屋侧面，但必要时也可纵向设置。无论是横向还是纵向，剖切位置都应该选择在能反映房屋全貌、内部复杂构造和较具有代表性的部位，并应通过门窗洞口的位置。多层房屋的剖切面应选择在楼梯间或层高不同、层数不同的部位。剖面图的图名应与平面图上剖切符号的编号一致，如 1—1 剖面图、2—2 剖面图、*A*—*A* 剖面图等。

剖面图中的断面图，其材料图例与粉刷面层线和楼、地面面层线的表示原则及方法与平面图的处理方法相同。此外，剖面图中一般不绘出地面以下的基础部分，基础部分将在结构施工图的基础图中来表达。

1.4.2 建筑剖面图的内容

建筑剖面图一般包含以下内容。

1）墙、柱及其定位轴线及编号。

2）剖切到或可见的主要结构和建筑构造部件，如室内首层地面、地坑、地沟、各层楼面、顶棚、屋顶及其附属构件、门、窗、楼梯、阳台、雨篷、留洞、墙裙、踢脚、防潮层、室外地面、散水、排水沟等剖切到或能见到的内容。

3）各部位完成面的标高和高度方向尺寸。

①标高内容。室内外地面、各层楼面与楼梯平台、檐口或女儿墙顶面、高出屋面的水池顶面、楼梯间顶面、电梯间顶面等处的标高。

②高度尺寸内容。外部尺寸：门、窗洞口高度，层间高度和总高度（室外地面至檐口或女儿墙墙顶）。内部尺寸：地坑深度、隔断、搁板、平台、墙裙及室内门、窗等的高度。

③楼、地面各层构造。采用引出线进行说明，引出线指向被说明的部位，并按其构造的

层次顺序，逐层加以文字说明。如果另有详图可在详图中说明。

④标出需画详图之处的索引符号。

4）高度尺寸，包括外部尺寸和内部尺寸。外部尺寸主要包括门、窗、洞口高度、层间高度、室内外高差、女儿墙高度、阳台栏杆高度、总高度；内部尺寸主要包括地坑深度、隔断、内窗、洞口、平台、吊顶等。

5）图样名称和比例。

案例分析

下面以某住宅楼1—1剖面图（图1-11）为例，完成建筑剖面图的识读。

1. 识读图样名称、比例

剖面图的图名应与平面图上剖切符号的编号一致，从首层建筑平面图（图1-7）中可以看出1—1剖切位置在左侧大门处，采用直线剖面的方法沿房屋横向进行剖切，投影方向向右。由此，就可以根据剖切位置和投影方向，对照各层平面图和屋顶平面图进行1—1剖面图的识读。

一般情况下，为了绘图和施工方便，建筑剖面图与建筑的平面图、立面图采用相同的比例进行绘制，本例中1—1剖面图所用的比例与平面图一致为1：100。

2. 识读线型规定

现行国家标准《建筑制图标准》（GB/T 50104—2010）规定在建筑剖面图中，首层地面采用特粗实线表示，被剖切到的墙体等主要建筑构造的轮廓线采用粗实线，一般采用细实线表示未剖切到的可见部分。同时，对于比例大于或等于1：50的剖面图宜给出材料图例，对于比例小于1：50的剖面图一般不绘制材料图例，但对于钢筋混凝土构件需要用涂黑表示。在图1-11中，可以通过不同的线型识别各种有关建筑的构件，如被剖切到的室内外地面、墙体、楼板、梁、屋面、楼梯等构件均以粗实线表示，其中，楼板、屋面板、梁、室外台阶和楼梯被剖切到的梯段这些用钢筋混凝土制作的构件的断面均以涂黑来示意。未被剖切但可见到的构件，如各层房间的门窗、楼梯可见梯段及女儿墙等均以细实线表示。

3. 识读定位轴线

同平面图一样，在剖面图中也需要对被剖切到的房屋建筑的主要承重构件绘制定位轴线，定位轴线应与平面图中的定位轴线相对应，以正确反映剖面图与平面图的投影关系，便于与建筑平面图对照进行识图和施工。图1-11所示的1—1剖面图，标注有被剖切到的A～L轴线和未剖切到的M、N轴线，其位置与各层剖面图中的轴线位置需对应。

4. 识读内部构造特征

在剖面图中，应绘制房屋室内地面以上各部位被剖切到的和投影方向上看到的建筑构造与构配件，如室内外地面、楼面、屋面、内外墙或柱、门窗、楼梯、雨篷、阳台等。现行国家标准《建筑制图标准》（GB/T 50104—2010）规定，在比例 1∶100~1∶200 的剖面图中可以不绘制抹灰层，但宜绘制楼地面、屋面的面层线。

通过图 1-11 中被剖切到的及可看到的建筑构造与构配件可以看出：该房屋为地面（±0.000）以上主体 20 层的住宅建筑，楼板、屋面板、梁、楼梯等（图中涂黑的构件）均为钢筋混凝土构件。根据首层平面图（图 1-7）中剖切位置线 1—1 所通过的部位可知，从北至南依次为从室外地坪上三级台阶或无障碍坡道到达标高±0.000 的大门口、装饰构架、玄关、次卧、主卧。对照地下层平面图（图 1-6）、中间层平面图（图 1-8）和首层平面图（图 1-7）中剖切线所通过的剖切相应位置可知，从北至南依次为装饰构架、玄关、次卧、主卧，被剖切的构件包括玄关窗 C1214、主卧窗 C1518。

5. 识读尺寸标注

剖面图在竖直方向上应标注房屋外部、内部一些必要的尺寸和标高。剖面图竖向外部尺寸通常标注 2~3 道，最外侧一道为建筑物总尺寸（从室外天然地面到屋顶檐口的距离），中间一道为层高尺寸（两层之间楼地面的垂直距离），最里侧一道为门窗洞口及洞间墙的高度尺寸等。

内部尺寸则标注内墙上的门窗洞口尺寸、窗台及栏杆高度、预留洞及地坑的深度等细部尺寸。剖面图水平方向的尺寸通常标注被剖切到的墙或柱轴线间的跨度。其他尺寸则视需要进行标注，如屋面坡度等。剖面图中标高注写在室外地坪、各层楼面、地面、阳台、楼梯休息平台、檐口、女儿墙顶等部位，图中标高均为与±0.000 的相对尺寸。

剖面图中所注的尺寸、标高应与建筑平面图和立面图中的尺寸、标高相吻合，不能产生矛盾。

从图 1-11 中可看出，建筑层高为 2.9m，入口大堂总高度 6.95m，楼梯栏杆的高度为 1.1m，C-3 窗的高度为 1.7m，窗下墙的高度为 0.9m；入口楼梯每个梯段的踏步高度为 150mm，共 3 个步级，梯段高 450mm。室外地面标高为-0.450，一层地面标高为±0.000，建筑总高度 64.95m。

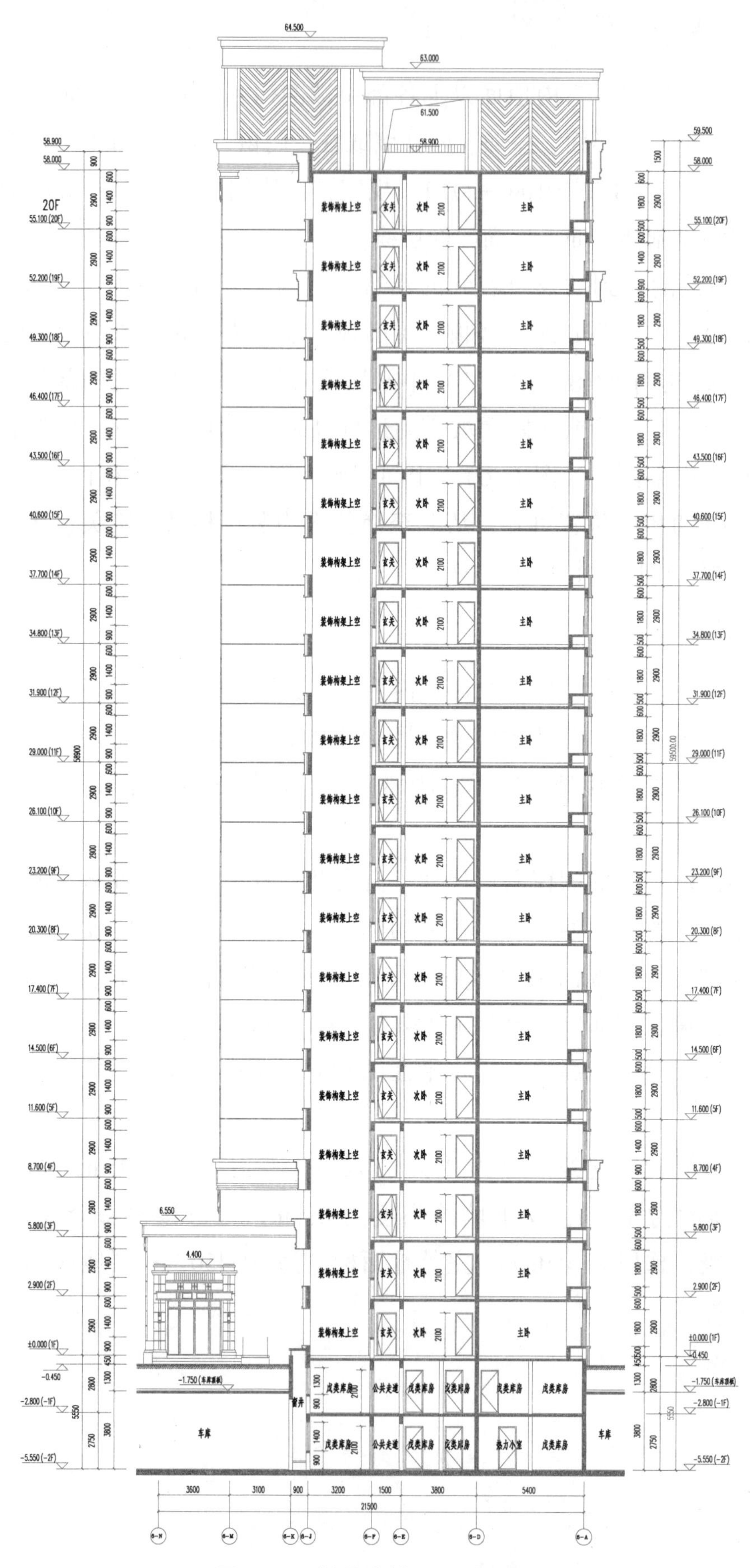

图 1-11　某住宅楼 1—1 剖面图

单元小结

本单元主要介绍了建筑施工图的概念及建筑总平面图、平面图、立面图和平面图的内容与识读技巧，并配备相应的案例进行了解说，为学生后期学习给水排水相关知识技能打下一个良好的基础。

学习评价

1. 自我评价

(1) 对建筑施工图是否有一定了解并能快速解读相关信息？

(2) 是否了解了总平面图所包含的信息及所传达的意思并能够准确用语言表述出来？

(3) 是否了解，建筑平立剖面的形成、内容及各种标准符号所传达的信息？

2. 学习任务评价表

学习任务评价表如表 1-4 所示。

表 1-4 学习任务评价表

<table>
<tr><td rowspan="2">考核项目</td><td colspan="3">分数</td><td rowspan="2">学生自评</td><td rowspan="2">组长评价</td><td rowspan="2">教师评价</td><td rowspan="2">小计</td></tr>
<tr><td>差</td><td>中</td><td>好</td></tr>
<tr><td>团队合作精神</td><td>6</td><td>13</td><td>20</td><td></td><td></td><td></td><td></td></tr>
<tr><td>建筑总平面图识图能力</td><td>6</td><td>13</td><td>20</td><td></td><td></td><td></td><td></td></tr>
<tr><td>建筑平面图识图能力</td><td>6</td><td>13</td><td>20</td><td></td><td></td><td></td><td></td></tr>
<tr><td>建筑立面图识图能力</td><td>6</td><td>13</td><td>20</td><td></td><td></td><td></td><td></td></tr>
<tr><td>建筑剖面图识图能力</td><td>6</td><td>13</td><td>20</td><td></td><td></td><td></td><td></td></tr>
<tr><td>总分</td><td colspan="3">100</td><td></td><td></td><td></td><td></td></tr>
<tr><td colspan="6">教师签字：　　　　　　　　　　　　年　　月　　日</td><td>得分</td><td></td></tr>
</table>

复习思考题

1. 建筑施工图由哪些图构成？各图类分别表达了什么信息？

2. 对图 1-12 所示的建筑总平面图进行识读。（内容包含：图名、比例、用地范围、地形地貌、周边环境、朝向风向、平面性状）

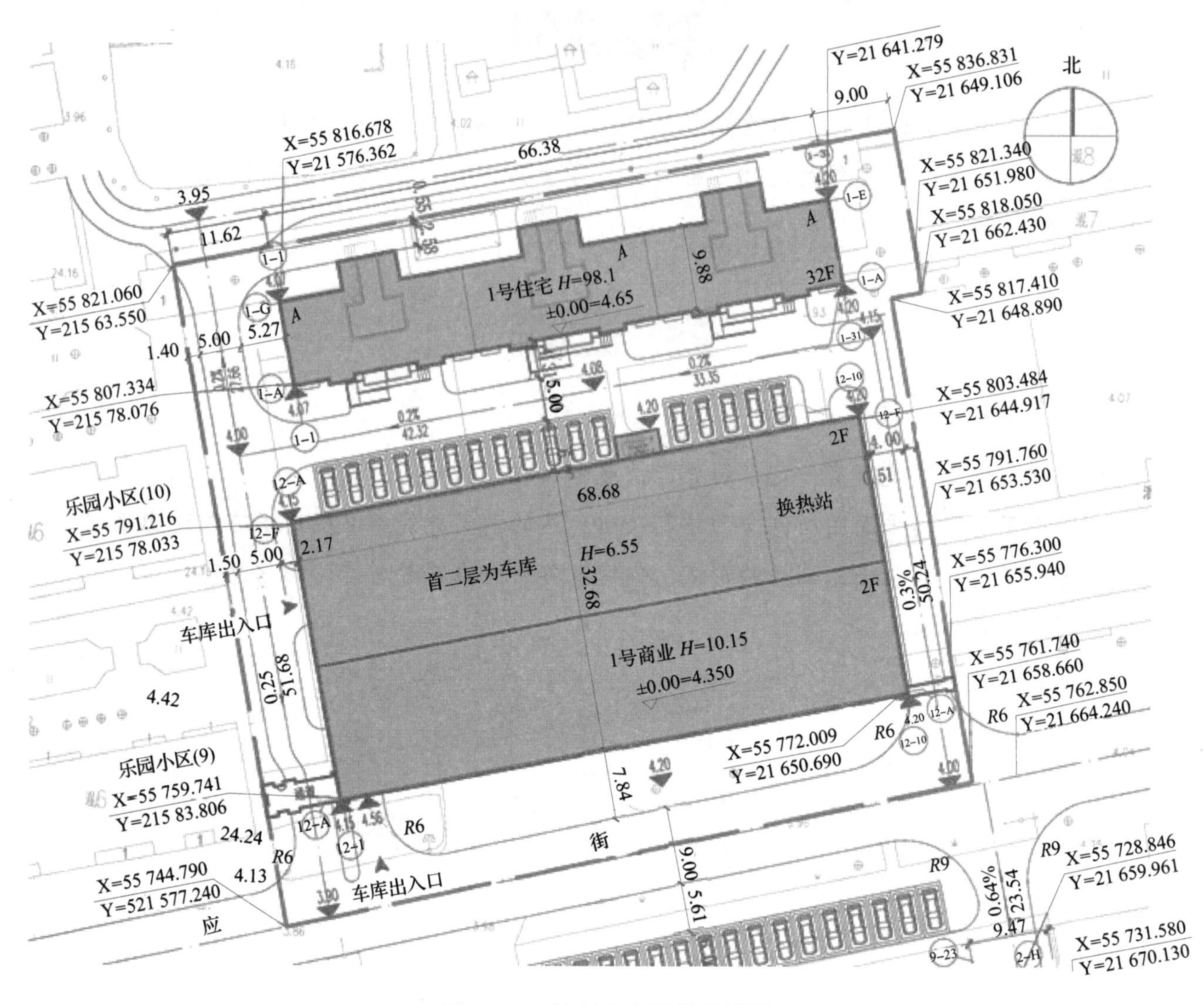

图 1-12 某新建小区总平面图

3. 简述建筑平面图各部位的具体做法，如防水、地面、墙面装饰等。

4. 建筑物各部件的构成及其作用分别是什么？

单元 2

识读建筑给水施工图

单元导读

建筑给水排水施工图（简称“水施图”）是建筑设备施工图的一部分，都要根据已有的相应建筑施工图来绘制。建筑设备通常指安装在建筑物内的给水排水管道、采暖通风空调管道等，以及相应的设施、装置。建筑给水排水施工图一般由给水排水平面图、给水排水系统原理图或给水排水轴测图、给水排水平面放大图及必要的详图、设计说明等组成。下面将以分析案例的方式，介绍建筑给水施工图的识读要领及方法。

学习目标

1. 理解并掌握建筑给水施工图纸的内容及看图的方法和步骤。
2. 掌握建筑给水施工图的识图方法与技巧，了解建筑给水系统的组成及作用。
3. 熟悉给水施工中管道、管道附件的常用图例，读懂给水专业施工图图样。
4. 让学生回忆生活中息息相关的给水系统，加深其对给水系统的熟悉度。

思维导图

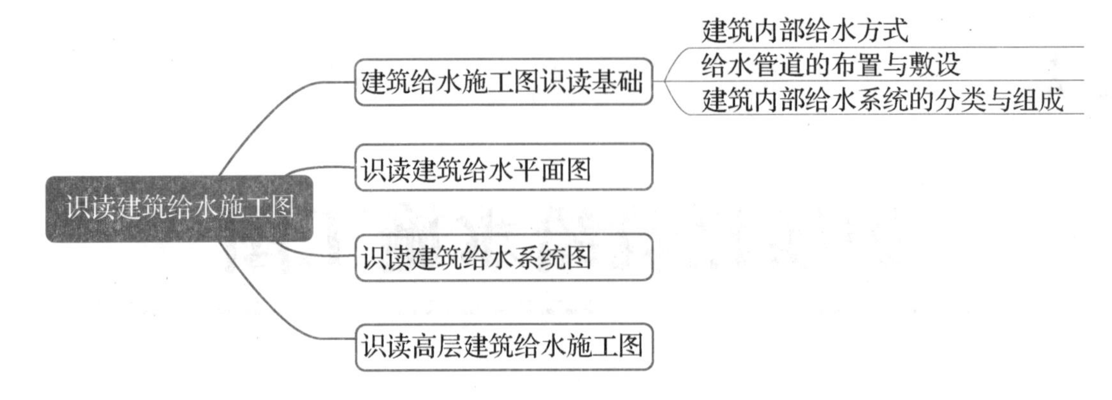

2.1 建筑给水施工图识读基础

建筑给水工程主要指室内给水工程和室外给水工程，主要包括给水系统组成、给水工程常用管道及用水设备、给水工程常用管件等安装工程。建筑给水施工图一般分为室内给水施工图和室外给水施工图。

2.1.1 建筑内部给水方式

建筑内部给水系统的供水方案分为直接给水方式、气压给水方式、设水泵给水方式、分区给水方式、分质给水方式、设水箱给水方式、设水箱和水泵给水方式。不同供水方案的特点及适用场合如表 2-1 所示。

表 2-1 建筑内部给水方案比较

名称	图示	特点	适用范围
直接给水方式	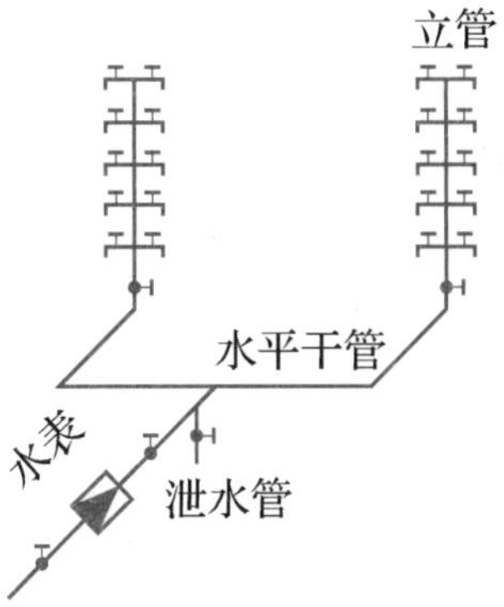	系统简单，投资小，可充分利用外网水压。但是一旦外网停水，室内立即断水	水量、水压在一天内均能满足用水要求的用水场所
气压给水方式	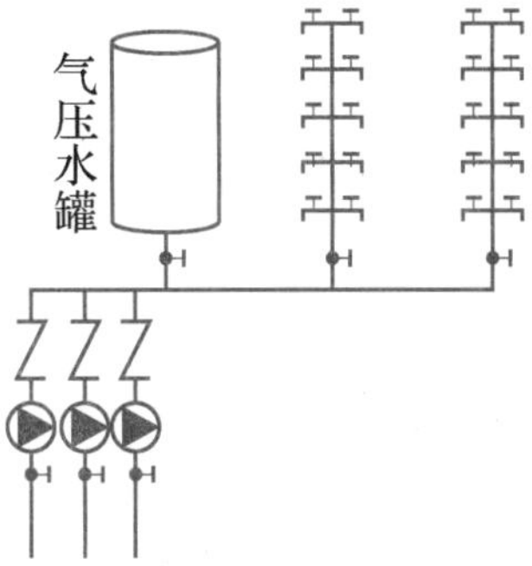	供水可靠，无高位水箱，但水泵效率低、耗能多	外网水压不能满足所需水压，用水不均匀，且不宜设水箱时采用
设水泵给水方式（A）	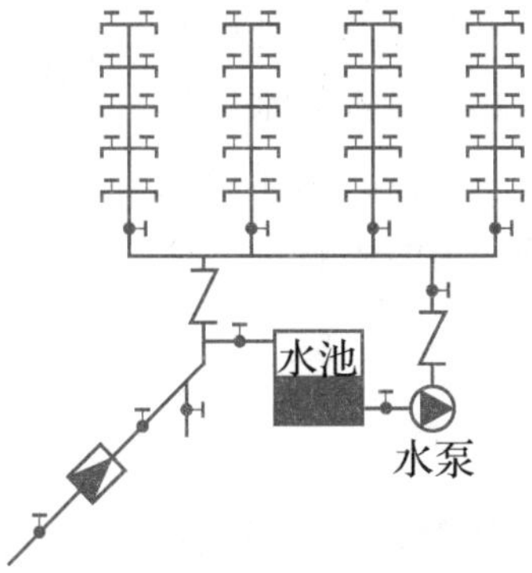	系统简单，供水可靠，无高位水箱，但耗能多	水压经常不足，用水较均匀，且不允许直接从管网抽水时采用
设水泵给水方式（B）	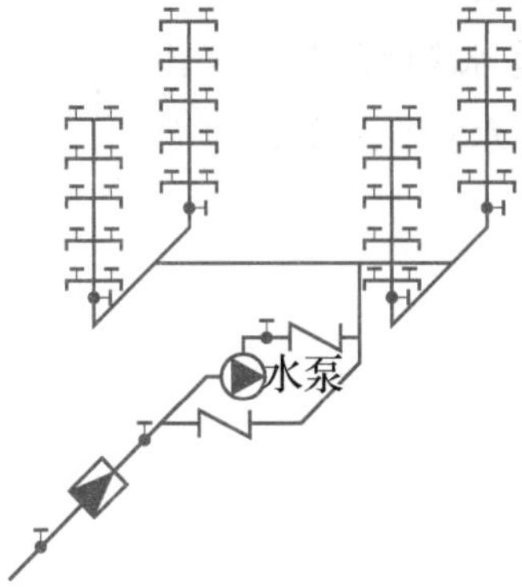	系统简单，供水可靠，无高位水箱，但耗能较多。为了充利用室外管网压力，节省电能，当水泵与室外管网直接连接时，应设旁通管	室外给水管网的水压经常不足时采用

续表

名称	图示	特点	适用范围
分区给水方式	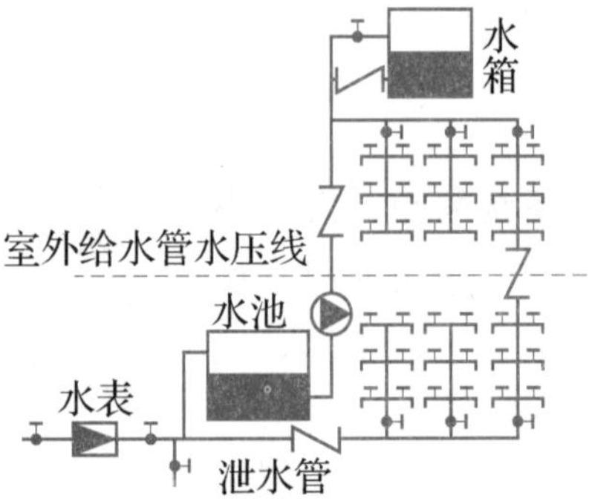 水箱 室外给水管水压线 水池 水表 泄水管	可以充分利用外网压力，供水安全，但投资较大，维护复杂	供水压力只能满足建筑下层供水要求时采用
分质给水方式	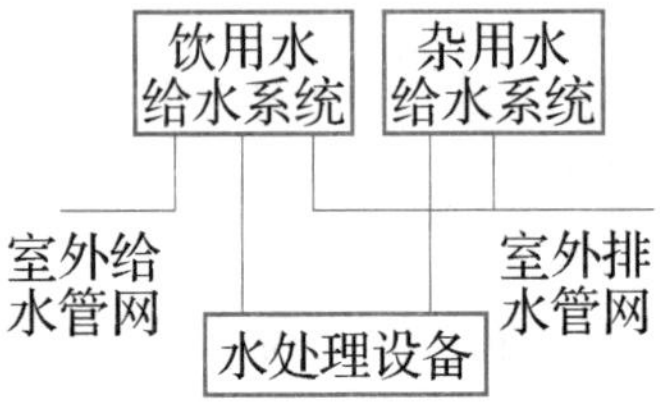 饮用水给水系统 杂用水给水系统 室外给水管网 室外排水管网 水处理设备	根据不同用途所需的不同水质，设置独立给水系统的建筑供水方式	小区中水回用等
设水箱给水方式（A）	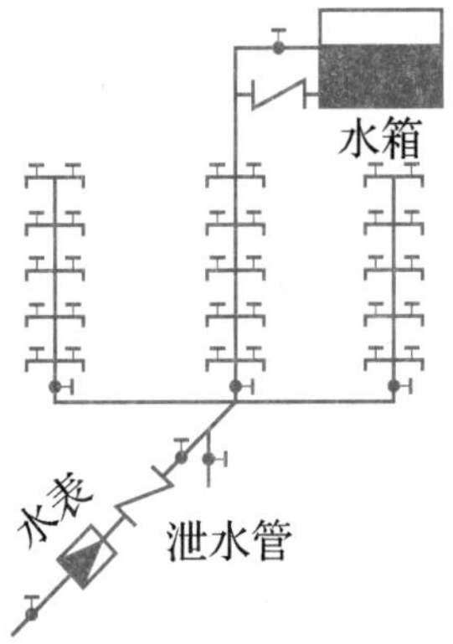 水箱 水表 泄水管	水箱进水管和出水管共用一根立管，供水可靠，系统简单，投资小，可充分利用外网水压。缺点是水箱水用尽后，用水器具水压会受外网压力的影响	供水水压、水量周期性不足时采用
设水箱给水方式（B）	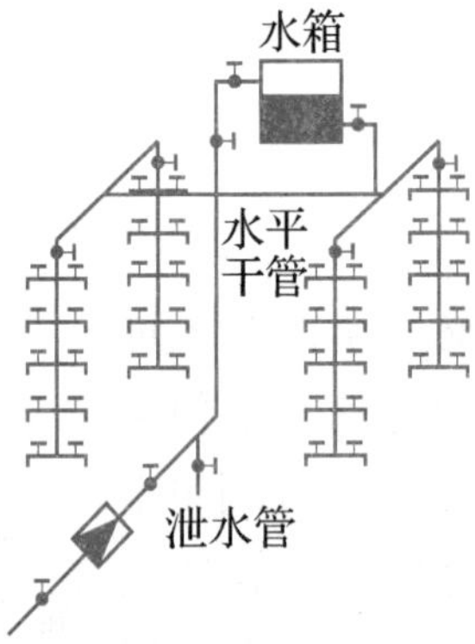 水箱 水平干管 泄水管	系统简单，投资小，可充分利用外网水压，但是水箱容易二次污染；水箱容积的确定要慎重	室外给水管网供水水压偏高或不稳定时采用

续表

名称	图示	特点	适用范围
设水箱和水泵给水方式	水箱 水池 水泵	水泵能及时向水箱供水，可缩小水箱的容积。供水可靠，投资较大，安装和维修都比较复杂	室外给水管网水压低于或经常不能满足建筑内部给水管网所需水压，且室内用水不均匀时采用

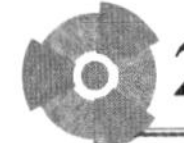

2.1.2　给水管道的布置与敷设

想要准确识读建筑给水平面图，必须熟悉给水管道布置原则和施工工艺。因为施工图上的线条都是示意的，管道配件如活接头、管箍等通常不会画出来。

（1）给水管道的布置

1）布置形式及其特点。按水平干管的敷设位置，给水管道的布置可分为下行上给式、上行下给式、中分式以及环状式 4 种形式，不同形式具有不同的特点，如表 2-2 所示。

表 2-2　给水管道布置形式对比

名称	图示	适用范围	特点
下行上给式		干管埋地、设在底层或地下室中，由下向上供水，适用于直接利用室外给水管网水压供水的工业与民用建筑	简单，明装便于安装维修，最高层配水点流出水头较低，埋地管道检修不便
上行下给式		干管设在顶层顶板下、吊顶内或技术夹层中，由上向下供水，适用于设置高位水箱的民用或公共建筑，以及地下管线较多的工业厂房	最高层配水点流出水头稍高，安装在吊顶内的配水干管可能漏水或结露，损坏吊顶和墙面

续表

名称	图示	适用范围	特点
中分式		水平干管设在中间技术层或中间某层吊顶内，由中间向上、下两个方向供水，适用于屋顶用作露天茶座、舞蹈室或设有中间技术层的高层建筑	管道安装在技术层内便于安装和维修，有利于管道排气，不影响屋顶多功能使用，但需要设置技术层或增加某中间层的层高
环状式		分为水平干管环和立管环两种。其中，水平干管环指水平干管连成环状；立管环指各立管除由水平干管连通外，在立管的另外一端也互相连通。这种布局适于大型公共建筑及不允许断水的车间等场合	任何管道发生事故时，均可用阀门关闭事故管段而不中断供水，水流通畅，水损小，水质不易因滞留而变质，但管网造价高

同一幢建筑的给水管网可以同时兼有以上多种形式。

2）给水管道的布置要求。给水管道的布置受建筑结构、用水要求、配水点和室外给水管道的位置，以及供暖、通风、空调和供电等其他建筑设备工程管线布置等因素的影响。进行管道布置时，不仅要处理和协调好各种相关因素的关系，还要满足以下基本要求：

①保证供水安全，力求经济合理。管道布置时应力求长度最短，尽可能呈直线走向，并与墙、梁、柱平行敷设。给水干管应尽量靠近用水量最大设备处或不允许间断供水的用水处，以保证供水可靠，并减少管道传输流量，使大口径管道长度最短。给水引入管应从建筑物用水量最大处引入。当建筑物内卫生用具布置比较均匀时，应在建筑物中央部分引入，以缩短管网向最不利点的输水长度，减少管网的水头损失。

②保证管道安全，便于安装维修。当管道埋地时，应当避免被重物压坏或被设备振坏；不允许管道穿过设备基础，特殊情况下，应同有关专业人员协商处理；工厂车间内的给水管道架空布置时，不允许把管道布置在遇水能引起爆炸、燃烧或损坏的原料、产品和设备上面；为防止管道腐蚀，管道不允许布置在烟道、风道和排水沟内，不允许穿大、小便槽。当立管位于小便槽端部不大于0.5m的位置时，在小便槽端部应有建筑隔断措施。

室内给水管道也不宜穿过伸缩缝、沉降缝，若需穿过，应采取保护措施。

③不影响建筑物的使用功能和美观。管道不能从变电间、配电间、电梯机房、通信机房等遇水会损坏设备和引发事故的房间通过；不能布置在妨碍生产操作和交通运输处或遇水能引起燃烧、爆炸或损坏的设备、产品或原料上；不宜穿过橱窗、壁柜、吊柜等设施或在机械设备上方通过，以免影响设施的功能和设备的维修；不宜穿越卧室、书房及储藏间。

（2）给水管道的敷设

1）敷设形式。给水管道的敷设有明装、暗装两种形式。

①明装。明装即管道外露，其优点是安装维修方便，造价低。但外露的管道影响美观，表面易结露、积灰尘，而且明装有碍房屋内部的美观。一般装修标准不高的民用建筑和大部分生产车间采用明装方式。

②暗装。暗装即管道敷设在地下室顶板或吊顶中，或在管井、管槽、管沟中隐蔽敷设。暗装的卫生条件好、美观，对于标准较高的高层建筑、宾馆、实验室等均采用暗装。

2）敷设要求。工程中预留预埋主要套管的位置和数量应保证做到万无一失。

当给水横管穿承重墙或基础、立管穿楼板时，给水排水专业人员应随工程进度密切配合土建专业做好工程的预留预埋工作，主要就是为管道井、穿楼板的预留孔洞及穿混凝土隔墙的套管预留预埋。图 2-1 和图 2-2 是两种比较典型的预埋套管的安装方式。

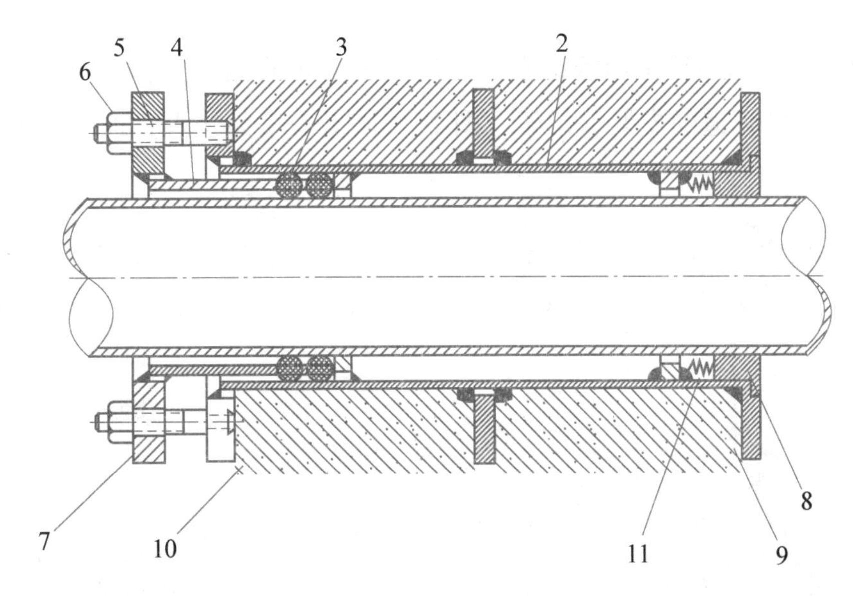

图 2-1　穿越地下室建筑外墙——柔性防水套管（B 型）安装详图

1—钢管；2—法兰套管；3—密封圈；4—法兰压盖；5—螺柱；6—螺母；7—法兰；8—密封膏嵌缝；9—建筑外墙；10—内侧；11—柔性填缝材料

横管穿过预留洞时，管顶上部净空不得小于建筑物的沉降量，以保护管道不致因建筑沉降而损坏，一般不小于 0.1m。对于引入管的敷设，其室外部分埋深由土壤的冰冻深度及地面荷载情况决定。管顶最小覆土深度不得小于土壤冰冻线以下 0.15m，行车道下的管线覆土深度宜不小于 0.7m。建筑内给水引入管与排水排出管的水平净距不得小于 0.5m。

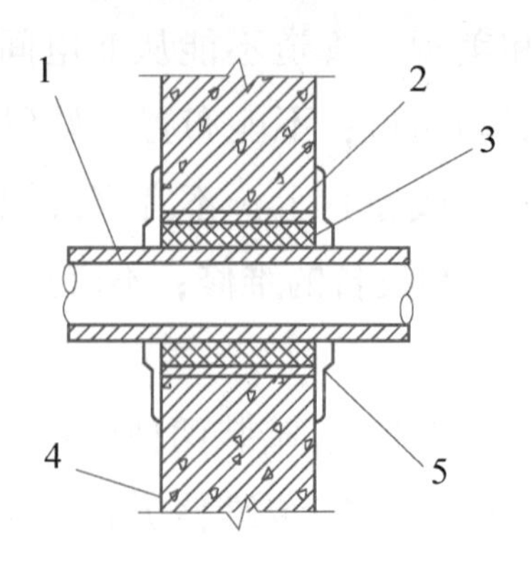

图 2-2 穿越建筑内部、隔墙套管安装详图

1—钢管；2—法兰套管；3—密封圈；4—法兰压盖；5—螺柱

入户管上的水表节点一般装设在建筑物的外墙内或室外专用的水表井内。装置水表的地方气温应在 2℃以上，并应便于检修，不受污染，不被损坏，查表方便。

给水水平管道应有 2‰~5‰的坡度，并装备坡向泄水装置，目的是在试压冲洗及维修时能及时排空管道的积水，尤其在北方寒冷地区，在冬季未正式采暖时，管道内如有残存积水易冻结。给水管采用软质的交联聚乙烯管或聚丁烯管埋地敷设时，宜采用分水器配水，并将给水管道敷设在套管内。

管道在空间敷设时，必须采用管道支架、吊架来固定管道，以保证施工方便和供水安全。图 2-3~图 2-5 为水平管道的支架、吊架，图 2-6 和图 2-7 为垂直管道的支架。

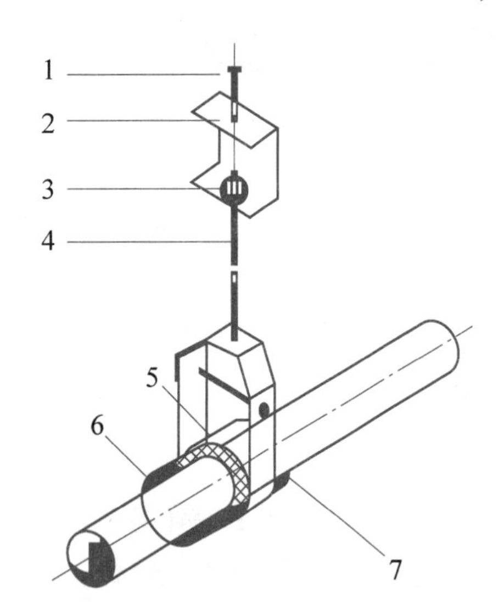

图 2-3 水平管道圆钢吊架做法

1—膨胀螺栓；2—槽钢；3—螺母；4—吊杆；5—金属环；6—金属板（至少 300mm 长）；7—配管

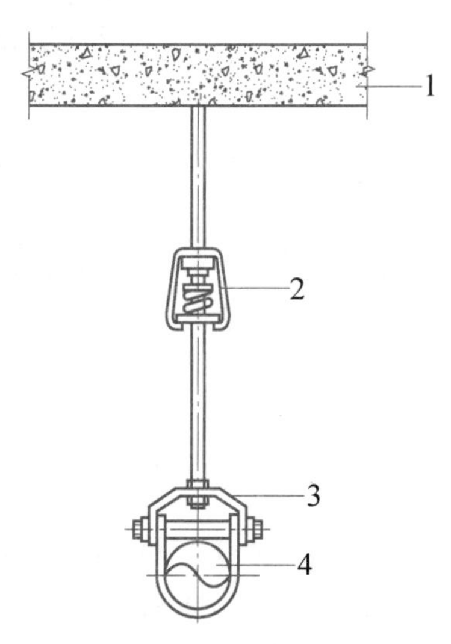

图 2-4 水平管道弹性型钢减振吊架安装节点图

1—楼板；2—弹簧；3—吊架；4—管道

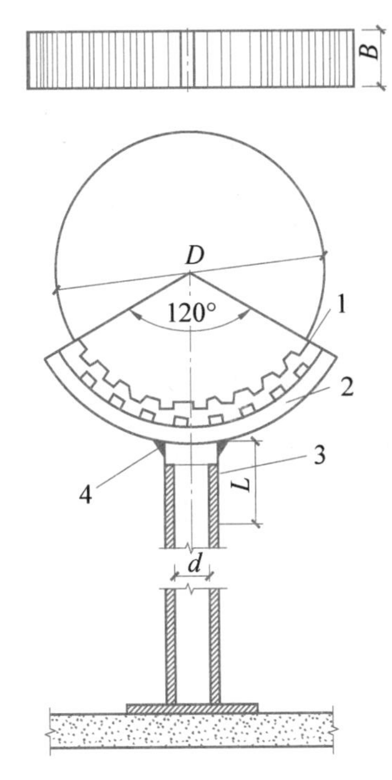

图 2-5　水平落地管道弹性型钢减振吊架安装节点图

1—橡胶；2—钢托座；3—支撑；4—焊接

B—宽度；D，d—直径；L—长度

图 2-6　钢管立管垂直固定支架示意图

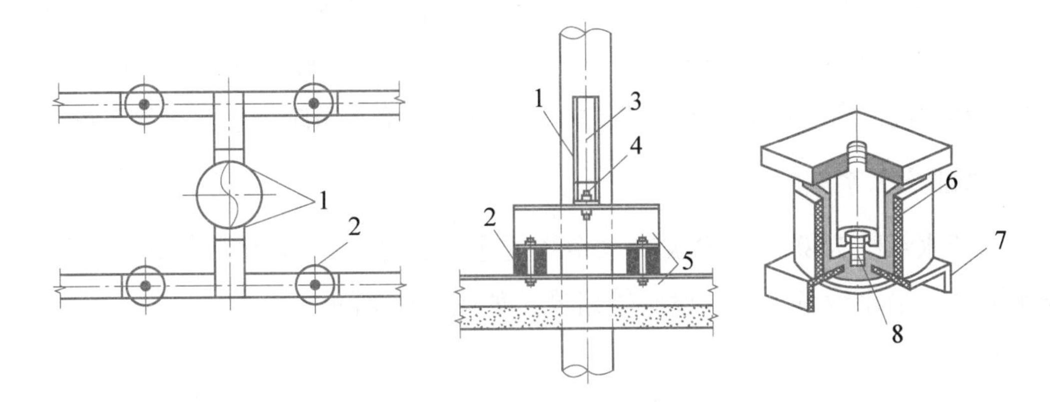

图 2-7　垂直管道型钢减振支架节点图

1—焊接；2—减振座；3—槽钢；4—镀锌螺栓；5—槽钢；6—橡胶；7—槽钢；8—螺母

注：每 3 层设置一个型钢减振支架

2.1.3　建筑内部给水系统的分类与组成

1. 建筑内部给水系统的分类

建筑内部给水系统的作用是将水由城市给水管网（或自备水源）经济合理地输送到建筑物内部的各用水设备（生活、生产和消防）处，并满足各用水点对水质、水量、水压的要求。

建筑内部给水系统按用途通常分为生活给水系统、生产给水系统和消防给水系统 3 类。

(1) 生活给水系统

生活给水系统主要满足民用、公共建筑和工业企业中饮用、洗漱、餐饮等方面的要求。根据供水水质，生活给水系统又分为生活饮用水系统和生活杂用水系统。生活饮用水系统用于满足饮用、盥洗、洗涤、沐浴、烹饪等生活用水需求；生活杂用水系统用于满足冲洗便器、浇灌花草、冲洗汽车或路面等生活用水需求。

(2) 生产给水系统

生产给水系统是为工业企业生产方面用水所设的给水系统，如生产设备的冷却用水、原料和产品的洗涤用水、锅炉用水和某些工业原料用水等。现代社会各种用水过程复杂、种类繁多，不同过程中对水质、水量、水压的要求因生产工艺及产品不同而异。

(3) 消防给水系统

消防给水系统是指为扑灭建筑物火灾而设置的给水系统。按具体功能，消防给水系统可分为消火栓给水系统和自动喷淋系统等。消防用水对水质要求不高，但必须符合建筑防火规范要求，保证有足够的水量和水压。

(4) 共用给水系统

在一幢建筑内可以单独设置以上 3 种给水系统，也可以按水质、水压、水量和安全方面的需要，结合建筑内部给水系统的情况，通过技术、安全、经济等方面综合分析，组成不同的共用给水系统，如生活-消防共用给水系统、生活-生产共用给水系统、生产-消防共用给水系统、生活-生产-消防共用给水系统等。例如，在小型或不重要的建筑物内，可采用生活-消防共用给水系统；但在公共建筑、高层建筑、重要建筑内必须将消防给水系统与生活给水系统分开设置。

2. 建筑内部给水系统的组成

现以生活给水系统为例说明建筑给水系统的主要组成。主要由引入管、计量仪表、给水管道、给水附件、给水设备、配水设施等组成，如图 2-8 所示。

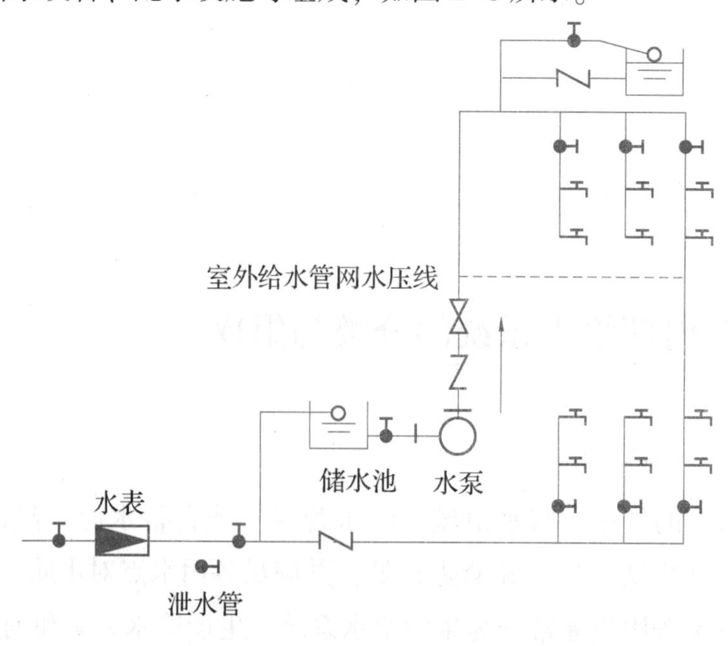

图 2-8 建筑内部给水系统示意图

(1) 引入管

室外管网（小区本身管网或城市市政管网）与建筑内部管网相连接的管段称为引入管，又称进户管。若该建筑物的水量为独立计量，在引入管段应装设水表、阀门；有时根据要求还应设管道倒流防止器。

(2) 计量仪表

计量仪表是计量、显示给水系统中水量、流量、压力、温度、水位的仪表，如水表、流量计、压力计、真空计、温度计、水位计等。引入管上应装设水表，在其前后装设阀门、旁通管和泄水装置等附件，并设置在水表井内，用来计量建筑物的总用水量。水表及其前后装设的附件又称水表节点。在建筑内部给水系统中，除了在引入管段上安装水表外，在需计量的某些部位和设备的配水管上也应安装水表。为了节约用水，住宅建筑每户的进户管上均应安装分户水表。分户水表或分户水表的数字显示宜设在户门外的管道井中或集中于水箱间，便于查表。

(3) 给水管道

给水管道是将水输送到建筑内部各个用水点的管道，由水平干管、立管、支管、分支管组成，用于水的输送和分配。

1）水平干管又称总干管，是将水从引入管输送至建筑物各区域的管段。

2）立管又称竖管，是将水从干管沿垂直方向输送至各个楼层、不同标高处的管段。

3）支管又称配水管，是将水从立管输送至各个房间的管段。

4）分支管又称配水支管，是将水从支管输送至各配水设施的管段。

(4) 给水附件

给水附件指给水管路上的阀门（包括闸阀、蝶阀、球阀、减压阀、止回阀、浮球阀、液压阀、液压控制阀、泄压阀、排气阀、泄水阀等）、水锤消除器、多功能循环泵控制阀、过滤器、减压孔板等管路附件，用以控制调节系统内水的流向、流量、压力，保证系统安全运行的附件。给水附件按作用可分为调节附件、控制附件、安全附件。消防给水系统的附件主要有循环泵接合器、报警阀组、水流指示器、信号阀门和末端试水装置等。

(5) 给水设备

给水设备是指给水系统中用于增压、稳压、储水和调节的设备，如图 2-9 所示。当室外给水管网水压不足，或室外给水管网水量不足，或建筑给水对水压恒定、水质、用水安全有一定要求时，需设置增压或储水设备。增压和储水设备有水箱、循环泵、储水池、吸水井、吸水罐、气压给水设备等。

（a）循环泵

（b）水箱

图 2-9 增压和储水设备

（6）配水设施

配水设施是生活、生产和消防给水管道系统的终端用水点上放出水的设施，即用水设施或配水点。

生活给水系统的配水设施主要指卫生器具的给水配件或配水龙头；生产给水系统的配水设施主要指与生产工艺有关的用水设备；消防给水系统的配水设施主要指室内消火栓、消防软管卷盘、自动喷水灭火系统的各种喷头等。

（7）消防设备

消防设备是在建筑物内设置的消火栓系统、自动喷洒系统的各种设备，如消火栓、水泵结合器、报警阀、闭式喷头、开式喷头。

2.2 识读建筑给水平面图

建筑给水平面图是根据给水工程图制图规定绘制的用于反映给水设备、管线平面布置状况的图样，是建筑给水施工图中最基本、最重要的图样，是绘制和识读其他建筑给水工程施工图的基础。建筑给水平面图根据工程的具体情况一般有地下室给水平面图、一层给水平面图、标准层给水平面图、屋面给水平面图。

1. 识读的步骤

1）识读建筑给水平面图时，首先要从图样目录入手，了解设计说明，在此基础上将平面图和系统图相互对照联系识读。

2）浏览平面图的顺序是先看底层平面图，再看楼层平面图。

3）按照给水系统的编号顺序，先看引入管、排出管，然后看其他。顺序依次是“引入管→水表井→干管→支管→配水设施”，循序渐进，认真细读。

2. 识图的注意事项

1）在施工图中，某些管道器材、设备等的具体安装位置、定位尺寸、构造等，通常不会加以说明，而是遵循专业设计规范、施工操作规程等标准进行施工。如果要了解其详细做法，在识图时必须参照有关技术资料或安装详图。

2）给水系统的引入管只画在底层给水平面图中，其他楼层给水平面图中一概不需绘制。

3）要明确给水引入管的平面位置、走向、定位尺寸，以及与室外给水管网的连接形式、管径等。

4）给水引入管通常标有系统编号，如 $\frac{J}{1}$ 中间横线上面标注的是管道种类，如给水系统写“给”或写汉语拼音字母“J”，线下面标注编号，用阿拉伯数字 1、2 等书写。

案例分析

下面以某多层住宅为例，给水图样包括设计总说明、地下室给水平面图、一层给水平面图、标准层给水平面图。

1. 识读设计总说明

设计总说明（包括图纸目录、文字说明部分和图例）是图样的重要组成部分，其阐述的内容包括建设单位、项目名称、设计单位的设计号、页数、图纸序号、图别、图号、图纸名称、图纸规格等。识读图样之前，应仔细阅读设计总说明（图 2-10）。

序号	说明书或图纸名称	图号	图纸规格	新旧分别	折合	附注
1	渔田假日风情商业街B区项目3#楼	4805 I -03S-01	A4	新	0.125	
2	给水排水施工图图纸目录					
3	设计施工说明（一）	4805 I -03S-02	A2	新	0.500	
4	设计施工说明（二）	4805 I -03S-03	A2	新	0.500	
5	首层给水排水平面图	4805 I -03S-04	A1	新	1.000	
6	二层给水排水平面图	4805 I -03S-05	A1	新	1.000	
7	消防管道系统图	4805 I -03S-06	A2	新	0.50	
8	排水管道原理图	4805 I -03S-07	A2	新	0.50	
9	给水管道原理图	4805 I -03S-08	A2	新	0.50	
10	卫生间大样图、户内管道系统图	4805 I -03S-09	A2	新	0.50	
11	热水管道原理图（一体式）	4805 I -03S-10	A2	新	0.50	
	合计	11 张			6.125	

（a）图纸目录

图 2-10　某住宅楼设计总说明

设计说明

1　工程概况
1.1工程名称：渔田假日风情商业街B区项目——3#楼。
1.2.建设单位：××房地产开发有限公司。
1.3.建设地点：北戴河新区七里海片区，现状道路S364南侧、大韩庄西侧。
1.4.建筑使用性质：商业，设计使用年限为50年。耐火等级：二级。
1.5.抗震设防烈度：丙类(按七度0.10g设防)。结构类型：框架-剪力墙结构。
1.6.建筑层数：地上2层；建筑高度10.33m。
1.7 本工程为绿建二星。
2　设计内容
生活给水排水系统、消火栓给水系统、灭火器配置。
3　设计依据
《建筑设计防火规范(2018年版)》　GB 50016—2014
《建筑给水排水设计标准》　GB 50015—2019
《建筑灭火器配置设计规范》　GB 50140—2005
《消防给水及消火栓系统技术规范》　GB 50974—2014
《民用建筑节水设计标准》　GB 50555—2010
《建筑给水塑料管道工程技术规程》　CJJ/T 98—2014
《建筑排水塑料管道工程技术规程》　CJJ/T 29—2010
《建筑排水金属管道工程技术规程》　CJJ 127—2009
《建筑给水排水及采暖工程施工质量验收规范》　GB 50242—2002
《给水钢丝网骨架塑料(聚乙烯)复合管管道工程技术规程》　CECS 181 :2005
《绿色建筑评价标准》　DB13(J)/T 8352—2020
《生活饮用水卫生标准》　GB 5749—2006
《建筑机电工程抗震设计规范》　GB 50981—2014
建设单位提供的本工程有关资料和设计任务书
4　生活给水系统
4.1　本工程生活给水由小镇北侧市政管网引入一条De300的市政给水管，在小区内形成生活给水枝状管网，市政水0.35MPa。生活饮用水水质满足国家现行标准《生活饮用水卫生标准》(GB 5749—2006)的要求。
4.2　本工程生活给水由市政直供，商铺和旅馆分开计量。每户商铺单独接室外管网，并在室外设水表井；旅馆分户水表放在室内。
4.3　给水用水量：本建筑最高日用水量为35.25t/d，最大小时用水量为2.96t/h。
4.4　根据甲方要求，本工程生活热水采用三联供空气源热泵机组制备热媒，并在室内设置换热水箱，在每户内利用热媒供回水制备热水，空气热泵机组至每户换热水箱的热媒供回水管。

（b）文字说明

图 2-10　某住宅楼设计总说明（续）

图 例

图例	名称	图例	名称	图例	名称	图例	名称
管道:					钢套管	消防设施:	
—— J ——	市政给水管	J/1 2，3……	给水引入管		柔性防水套管	—— XH ——	低区消火栓管
—— J1 ——	高1区给水管				刚性防水套管	—— XH1 ——	高区消火栓管
—— W ——	生活污水管	W/1 2，3……	污水出户管	器材仪表:		—— XHW ——	消火栓稳压管
—— F ——	废水管	Y/1 2，3……	雨水出户管		温度计	—— ZP ——	低区自动喷淋管
—— T ——	通气管	F/1 2，3……	废水出户管		压力表	—— ZP1 ——	高区自动喷淋管
—— Y ——	雨水管	YF/1 2，3……	压力废水出户管		电接点压力表	—— ZPW ——	自动喷淋稳压管
—— YF ——	压力废水管	阀门管件:			自动记录压力表	—— ZPY ——	预作用自动喷淋管
—— YW ——	压力污水管	平面 系统	闸阀		真空表	P	压力开关
—— YY ——	压力雨水管	平面 系统	蝶阀		水表	Q	流量开关
	电伴热保温管（局部管段）	平面 系统	截止阀		小区水表	平面 系统	室内单口消火栓
JL- 平面 JL- 系统	低区给水立管	平面 系统	截止阀		温度传感器	平面 系统	室内双口消火栓
J1L- 平面 J1L- 系统	高1区给水立管	平面 系统	止回阀		压力传感器	平面 系统	闭式自动洒水头（下喷）
WL 平面 WL 系统	污水立管	平面 系统	电磁阀			平面 系统	闭式自动洒水头（上喷）
YWL 平面 YWL 系统	压力污水立管	平面 系统	温度调节阀	给水配件:		平面 系统	闭式自动洒水头（上下喷）
FL 平面 FL 系统	废水立管	平面 系统	减压阀		洒水栓	平面 系统	侧喷闭式花洒
YFL 平面 YFL 系统	压力废水立管		安全阀				消防水泵接合器
TL 平面 TL 系统	通气立管		隔膜阀	排水附件:		XHL- XHL-	低区消火栓立管
YL 平面 YL 系统	雨水立管	平面 系统	自动排气阀	平面 系统	圆形地漏	X1HL- X1HL-	高区消火栓立管
YYL 平面 YYL 系统	压力雨水立管	平面 系统	压力调节阀	平面 系统	清扫口	ZPL- ZPL-	低区自动喷水灭火给水立管
	波纹伸缩器		倒流防止器	平面 系统	防爆地漏	ZP1L- ZP1L-	高区自动喷水灭火给水立管
	减压孔板	平面 系统	气动阀		立管检查口	XH/1 2，3……	消火栓给水引入管
	金属软管	平面 系统	液动阀		通气帽	ZP/1 2，3……	自动喷水灭火给水引入管
		平面 系统	旋塞阀	平面 系统	毛发聚集器	△MF/ABC3-2	手提式灭火器
			可曲绕橡胶接头	平面 系统	圆形地漏	△MFT/ABC20-2	推车式灭火器
		平面 系统	偏心异径管	平面 系统	洗衣机地漏	灭火器表示方法△X-XX-X：灭火器充装量；灭火器型号；灭火器数量；灭火器图例	
			异径管	平面 系统	多通道地漏		
			Y型过滤器	平面 YD- 系统	雨水斗		

（c）图例

图 2-10 某住宅楼设计总说明（续）

1）图纸目录可以让读者快速定位图纸。

2）文字说明主要介绍了工程概况、设计内容、设计依据、施工注意事项等。

3）图例是在建筑图中用符号或线型代表内容的一种说明。在给水排水系统中，一些构筑物、附件等需按比例绘制在图样上，但其细部结构往往不能如实画出，因此在给水排水施工图中的管件、阀门、仪表、设备等常采用现行国家标准《建筑给水排水制图标准》（GB/T 50106—2010）中规定的图例标识（图 2-10），如 J—给水系统，R—热水系统，P—排水系统；当建筑物的给水管数量多于 1 个时，用数字进行编号，便于识图；“JL”为给水立管，当给水立管数量多于 1 个时，用“JL-阿拉伯数字”进行编号，“JL-1”和“JL-2”分别代表第 1 根给水立管和第 2 根给水立管。

2. 识读地下室平面图

给水地下室平面图描述了从市政给水外网入户到各楼栋主管道之间的给水管道走向。通过地下室平面图，能够了解整个建筑的给水分区情况以及与其余管道的交叉情况，为以后地下室管道的综合排布打下基础。

地下室给水平面图的主要内容如下：

1）给水管道的编号，每一个编号的管道代表不同的管线。

2）给水管道的管径，平面图上会标注给水管道的公称直径。

3）给水管道的附件，如阀门、水表、拖布池等。

4）进户管道的标高与位置，标高应与系统图一致。

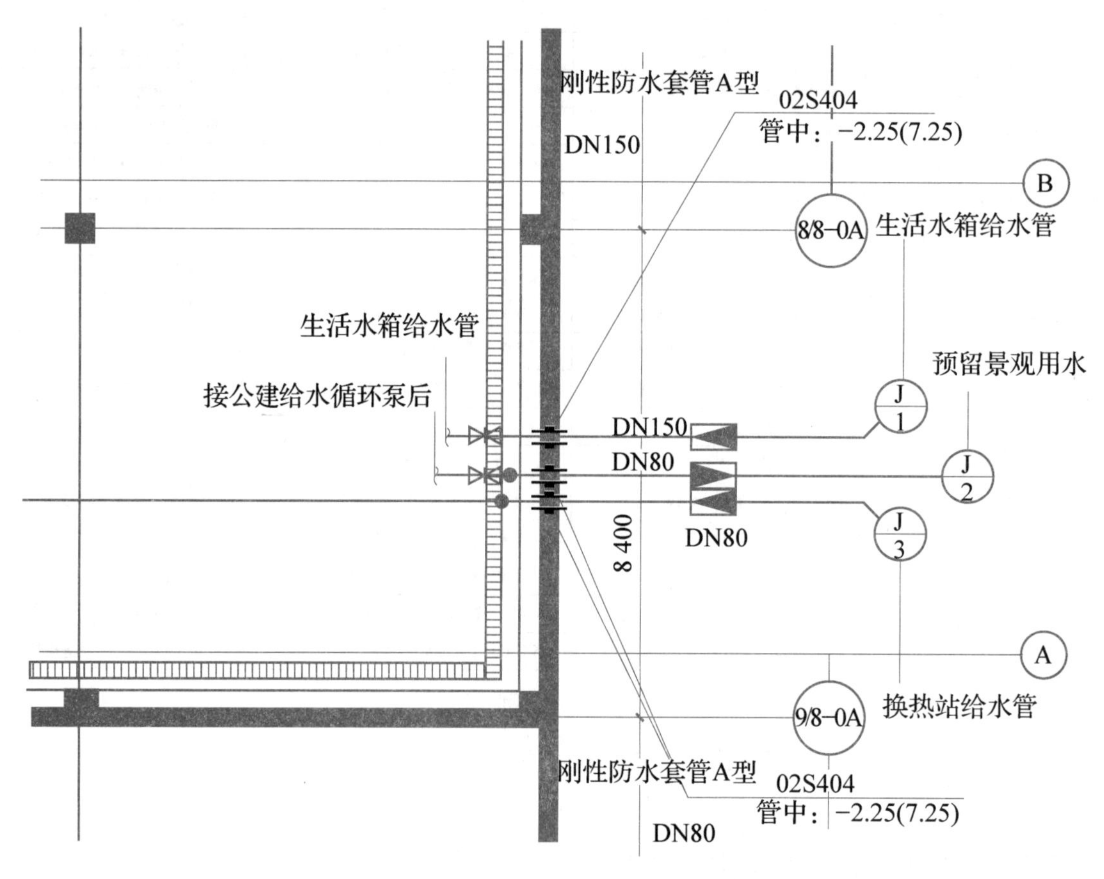

图 2-11　某住宅地下室给水平面图（一）

识读地下室给水平面图（一）（图 2-11），可以读出以下信息：

1）本小区进户管有 2 根，分别为 J/1 和 J/3。其中，J/1 是生活水箱给水管，用于给生活水箱补水；J/3 是换热站给水管，用于给换热站水箱补水。

2）本小区出户管有 1 根，是 J/2。它的作用是通过公建给水循环泵将水输出到绿化处，用于预留景观用水。

3）给水管 J/1 管径为 DN150，给水管 J/2 及 J/3 管径均为 DN80。在 3 根给水管道上分别安装有一块水表，其中 J/1 及 J/3 水表方向为从右向左，J/2 水表方向为从左向右。J/1 与 J/2 进入建筑物后，各预留一个闸阀。

4）3 根给水管的管中心标高均为-2.25m（绝对标高 7.25m）。

从地下室给水平面图（二）（图 2-12）中可以读出以下信息：

1）进户管进入生活循环泵房后，通过二次加压给循环泵组加压，将水输送到给水系统的 5 个分区，即加压 1 区、加压 3 区和商铺加压区，对应的给水管线名称分别为 J1、J3、JG。

2）J1~J4 的管径均为 DN150。

3）每根管道上面都有一块水表，水表前后各加一个闸阀，便于水表检修。

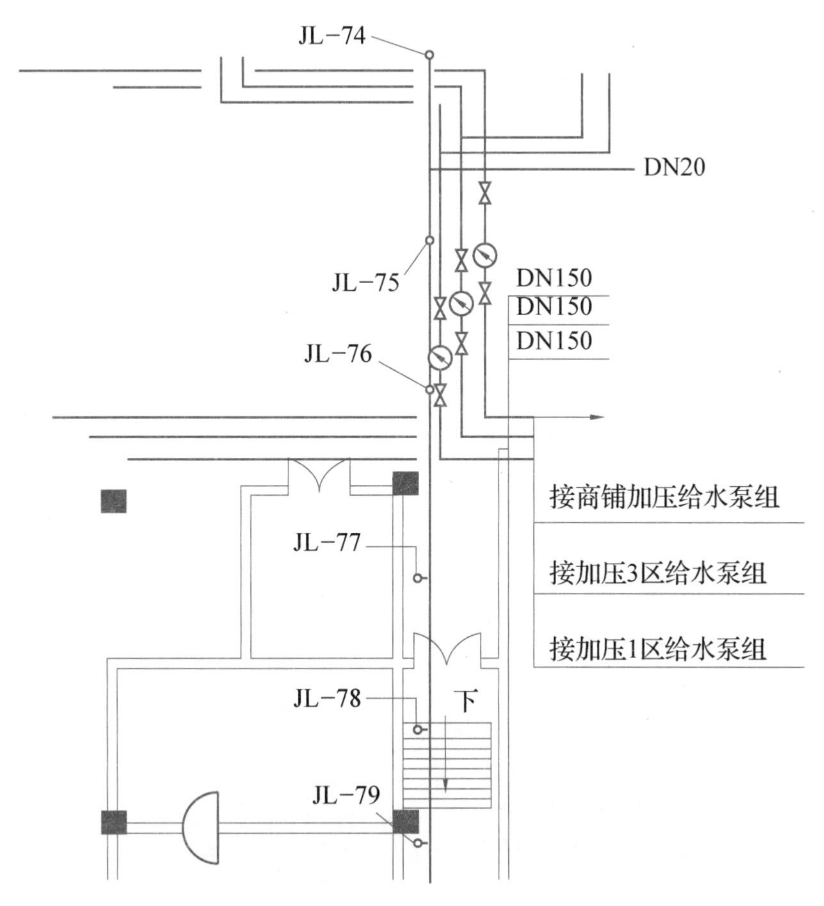

图 2-12 某住宅地下室给水平面图（二）

3. 一层给水平面图

一层住宅给水平面图与标准层基本相同，唯一区别为一层给水平面图内有商铺给水，如图 2-13 所示。

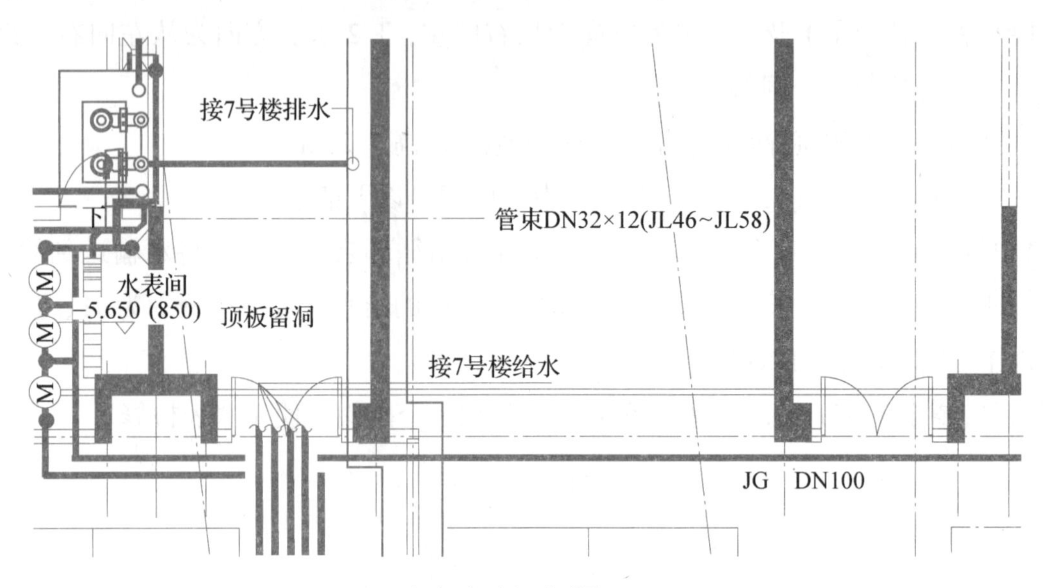

（a）地下室平面图

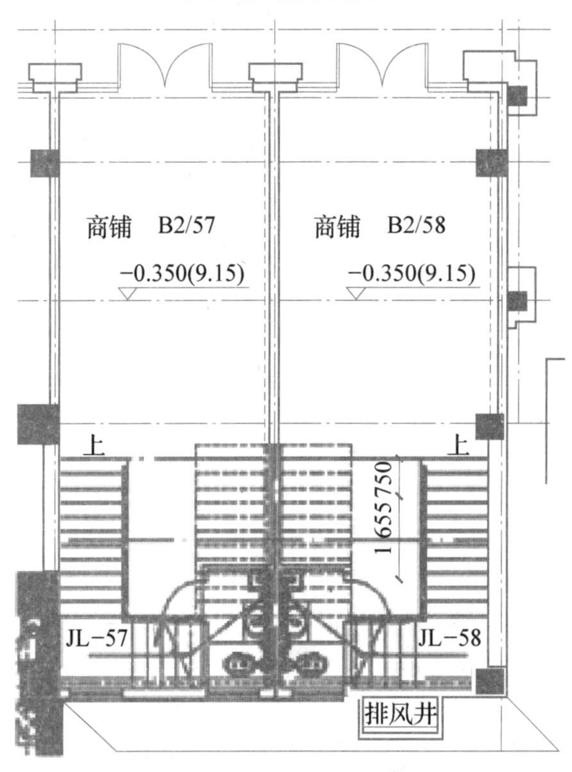

（b）商铺一层给水平面图

图 2-13 某住宅一层给水平面图

通过图 2-13 可以识别出以下信息：

商铺给水主干管 JG 从地下室进入水表间，通过水表间水表及阀门控制后，转换成 12 根立管，分别为 JL46~JL58，管径均为 DN32，如图 2-13（a）所示。

商铺 B2/57 及商铺 B2/58 分别由给水立管 JL-57 及 JL-58 供水；每根立管分出水平支管，配水至商铺内的 3 个用水点：1 个拖布池、1 个坐便器、1 个洗手盆，如图 2-13（b）所示。

4. 标准层给水平面图

标准层给水平面图是代表这栋楼所有相同楼层给水管道走向的图样。从图样中，能够体现出管道的走向、立管的标注、水表井的位置、室内给水附件的个数及用途等（图 2-14）。

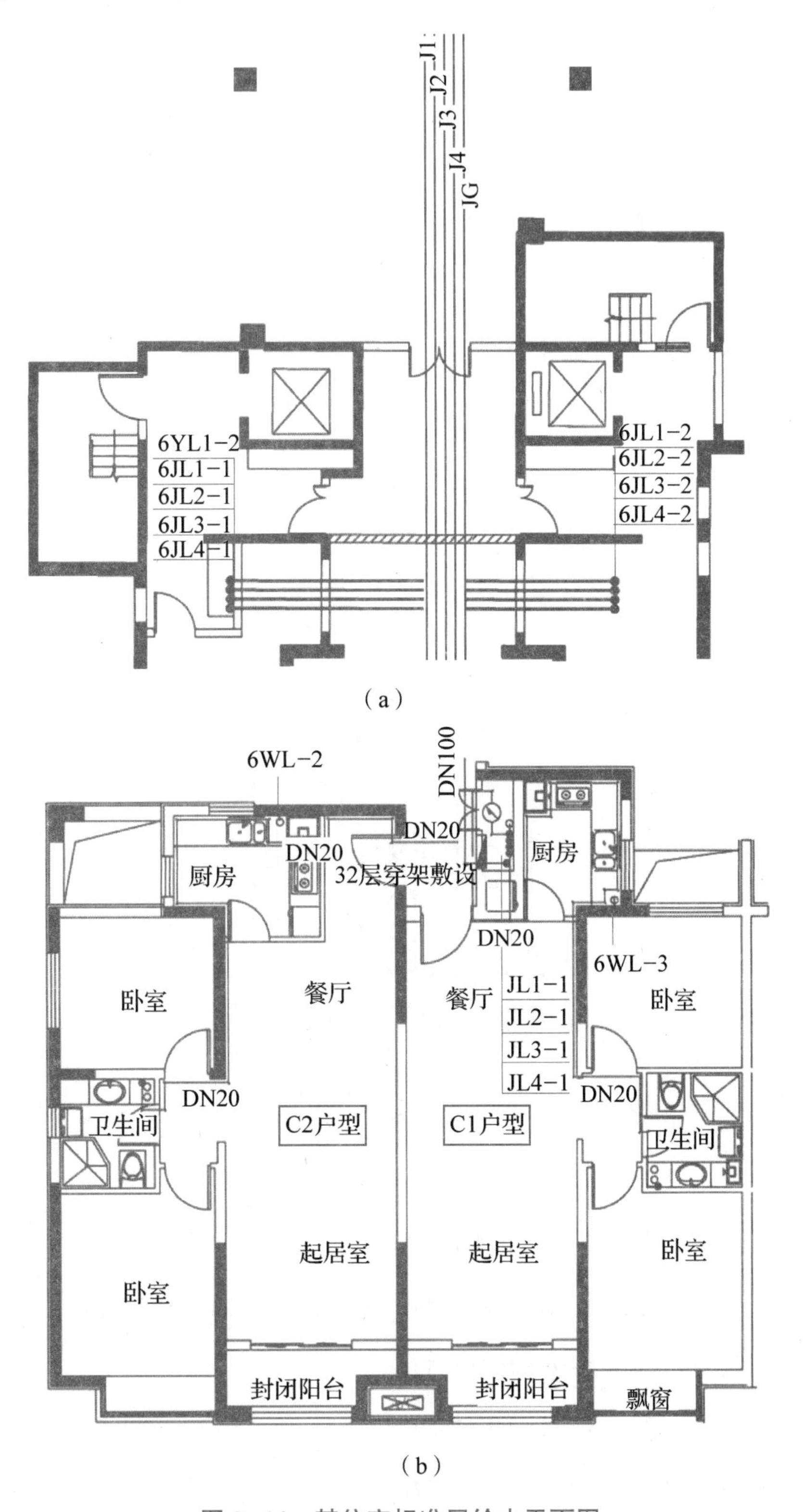

图 2-14　某住宅标准层给水平面图

通过标准层给水平面图（图 2-14）中可以识别：

1）给水主干管 J1 在地下室沿线路敷设到楼下，在主楼地下室分成 2 个分区 8 根给水立管，分别为 JL1-1～JL4-1 及 JL1-2～JL4-2。

2）楼层建筑内的给水水源来自水管井中的 4 根立管（JL1-1、JL2-1、JL3-1、JL4-1），立管从一层一直上到顶层。

3）在水表井内，立管分出管径为 DN20 的水平支管，水平管输水进入分户内，水平管上装有一块水表。

4）每户的给水用水点包括坐便器、水龙头、洗菜盆、淋浴等。

5. 水井大样图

水井大样图描述的是水井内给水排水管道的准确位置、立管的分区范围，以及立管的管径及相关参数，是施工过程中水井优化必不可少的一张图纸。

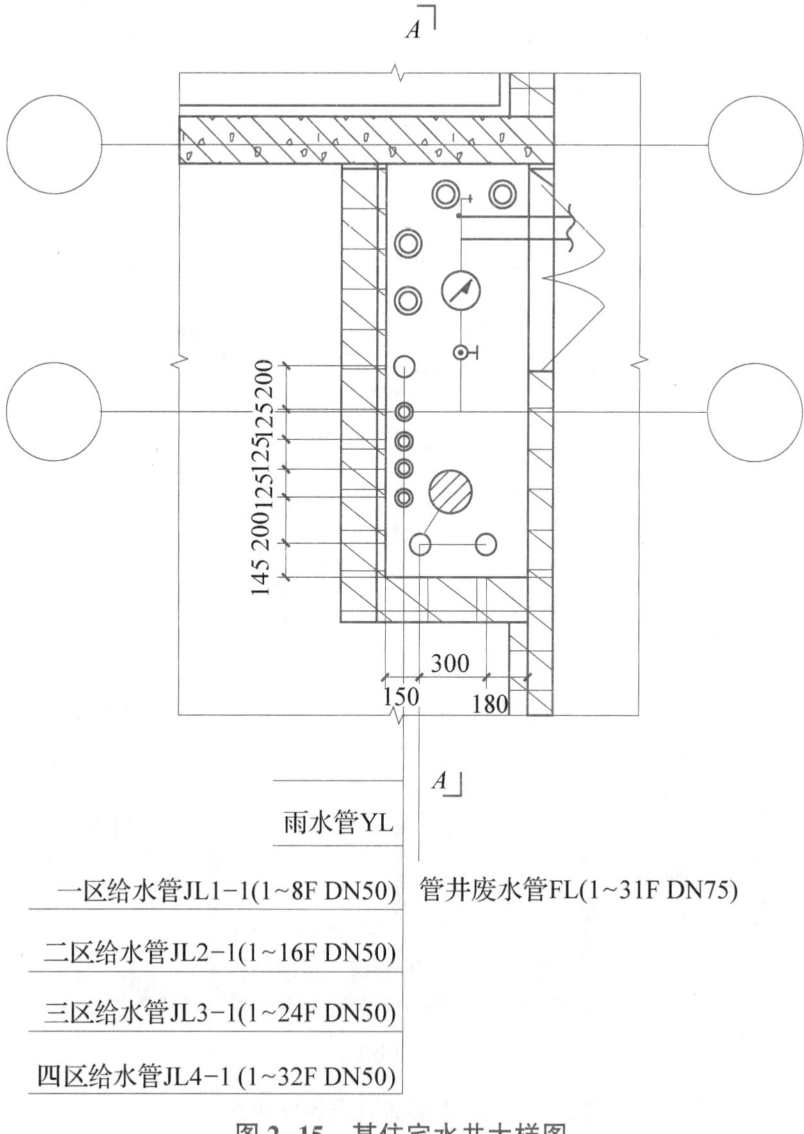

图 2-15　某住宅水井大样图

通过水井大样图（图 2-15）可以识别以下信息：

1）水井内有 4 根给水立管，各自带一个给水加压区。其中，JL1 带加压一区（1~8F），JL2 带加压二区（9~16F），JL3 带加压三区（17~24F），JL4 带加压四区（25~32F）。

2）4 根给水管管径均为 DN50。

3）4 根给水管间距均为 125mm，JL1-1 与雨水管 YL 之间的距离是 200mm，JL4-1 与管井废水管 FL 之间的距离是 200mm，FL 与管道井墙边距离为 145mm，这样就能准确地定位各个管线的位置。

2.3 识读建筑给水系统图

建筑给水平面图作为二维图层，它能展现的仅仅是管道的具体走向及准确位置，并不能给人以三维空间的感官认知，因此需要绘制建筑给水系统图来展现管道空间上的相对位置及变化。若不能清楚图示，还可辅以剖面图。具体言之，建筑给水系统图不仅可以表示卫生间等管道集中处的上下层之间、前后左右之间的空间位置关系，还能表示各管段的管径、坡度、标高及管道附件位置等。

建筑给水平面图和系统图相互关联、相互补充。读图的一般顺序是先浏览平面图，看底层平面图，再看其他楼层平面图；最后，对照平面图阅读系统图。

识读建筑给水系统图时，注意熟练掌握相关图例符号代表的内容，先找平面图和系统图对应编号，然后读图。具体为先找系统图中与平面图相同编号的给水引入管，将给水系统分组，再找相同编号的立管，顺水流方向按系统分组阅读系统图。

建筑给水系统图不仅能反映各种管道系统的整体概念、管道的“来龙去脉”、设备技术参数的正确性，方便与平面图的对照读图，还能表示在平面图中难以表达清楚或不能表达的有关内容，反映管道设备的连接情况，指导施工安装。下面以图 2-16 为例进行给水系统图的识读。

1. 主要表示内容

1）给水管道管径、标高、坡度，包括室内外平面高差。

2）重要管件的标注，如阀门、水表、水龙头的安装高度等。

3）立管的编号、楼层标高、层数、给水系统的编号。

4）给水原理描述，能够反映系统的给水方式。

2. 图示规定

1）建筑给水系统图应按 45°正等轴测投影法绘制。系统图的轴测轴 *Z* 轴总是竖直的，*X* 轴与其相应平面图的水平横轴线方向一致，*Y* 轴与图样水平线方向的夹角宜取 45°，表示相应平面图中的竖向轴线。3 个轴向变形系数均为 1。

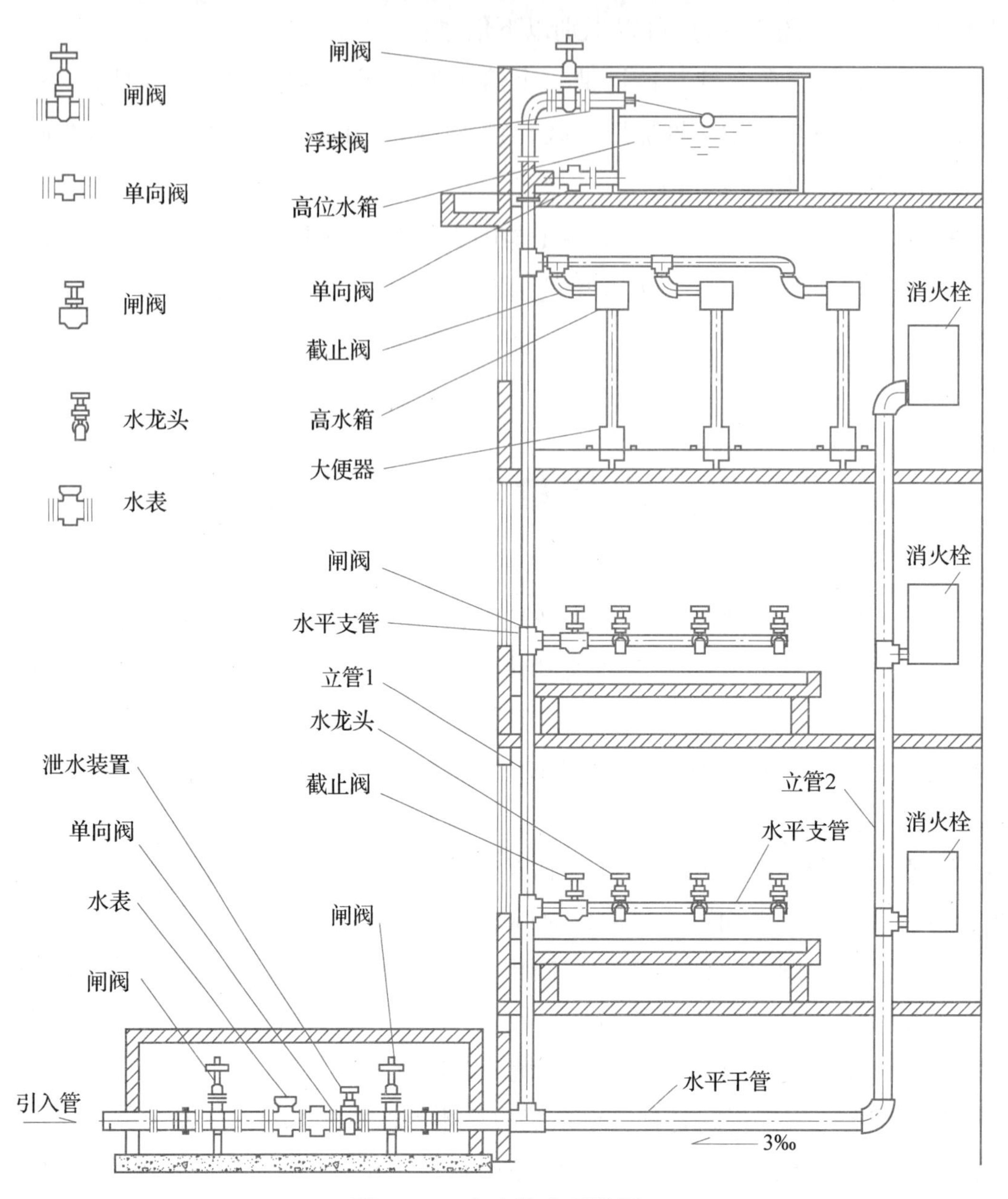

图 2-16 室内给水系统图

2）建筑给水系统图编号一般以平面图左端为起点，顺时针方向自左向右按照给水立管位置进行编号；注意立管位置及编号必须与对应的平面图保持一致。

3）建筑给水系统图的布图方向和比例应该与相应的平面图一致。当局部管道按比例不易表示清楚时，如在管道或管道附件被遮挡，或转弯管道变成直线等情况，这些局部管道可不按比例绘制。

4）楼层地面线依据楼地面标高值，按照图样比例，用一根长度适宜的细实短线（0.25b）表示其位置。

5）给水管道上的阀门、附件等用图例表示；引入管道上的设备和器具等可用编号或文字来表示。

6）给水管道均应标注管径、标高（也可标注管道距离楼地面的高度）、坡度等，注意一定要与对应的平面图保持一致。

案例分析

下面以图 2-17 所示建筑给水系统图为例，配合其对应平面图进行识读。

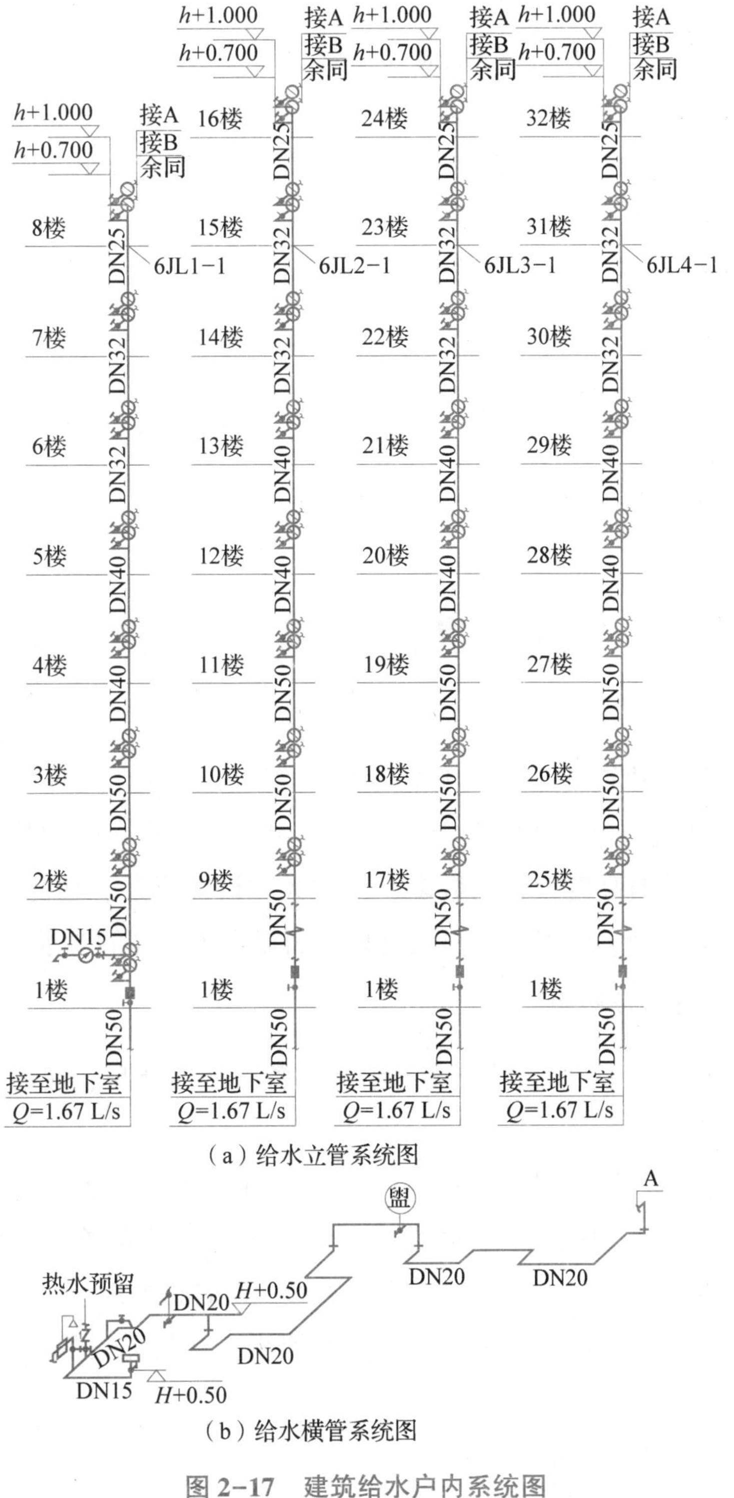

图 2-17　建筑给水户内系统图

阅读建筑给水系统图（图 2-17）时，以管道为主线，循水流方向，按照从起点到终点，即由“给水引入管→循环泵房→水平干管→立管→支管→室内配水点”的顺序进行识读，逐步明确给水管道的管径、走向、标高、给水系统形式等。如果系统设有高位水箱，还应找出水箱的进水管，再按“水箱的进水管→水平干管→立管→支管→室内配水点”的顺序来阅读。为了更好地理解给水图样，本节给出的建筑给水系统图与 2.2 节中的建筑给水平面图为同一工程的图样，上下呼应。

根据图 2-17 所示图样，配合其对应平面图可知：

1）住宅分为 4 个给水压力区，分别通过立管 JL1-1、JL2-1、JL3-1、JL4-1 输送给水；立管均接到地下室水平管；供水流量 Q 均为 1.67L/s；给水立管的管径为 DN50。

2）每一层有两户用水单位，分别用 A、B 表示。从立管上分出水平支管，支管上装有水表及阀门，A 户支管的安装高度为+1.000m，B 户支管的安装高度为+0.700m。

3）在一层水井内预留了 1 个冲洗水点，含有 1 块水表、1 个阀门及 1 个水龙头，直径为 DN15。

4）水平支管的管径为 DN20。

5）每户内给水点包括洗手盆 1 个、坐便器 1 个、淋浴 1 套、厨房洗菜盆 1 个、预留热水点 1 个、洗衣机给水点 1 个。

2.4 识读高层建筑给水施工图

根据我国现行规范《建筑设计防火规范（2018 年版）》（GB 50016—2014）规定：建筑高度大于 27m 的住宅建筑和建筑高度大于 24m 的非单层厂房、仓库和其他民用建筑为高层建筑。高层建筑的特点是建筑高度大、层数多、面积大、设备复杂、功能完善、使用人数较多，这就对建筑给水排水的设计、施工、材料及管理方面提出了更高的要求。

1. 高层建筑给水特点及要求

1）层数多、高度大、面积大、功能多、给水设备多、标准高、使用人数多，必须保证供水安全、可靠。

2）高层建筑的防火设计应立足自防自救，采用可靠的防火措施，以预防为主。

3）需采用高耐压管材、附件和配水器材；要求管材的强度高、质量好、连接部位不漏水；做好管道防振、防沉降、防噪声、防止产生水锤、防管道伸缩变位等技术措施。

4）管道通常暗敷，为了便于布置及敷设各种管线，一般需设置设备层和各种管线的管道井。

5）要有自设泵房，自行供水。

6）给水系统需竖向分区供水，以避免上下层因过大的压力差而造成的许多不利情况：下层水压过大，水流喷溅，造成浪费，关阀时易产生水锤、噪声及振动，甚至可能造成管网损坏；上层压力不足，甚至产生负压抽吸现象，有可能造成回流污染。

2. 高层建筑给水方式

高层建筑竖向分区以后，应确定经济合理、技术先进、供水安全可靠的给水方式，给水方式主要有 3 种：高位水箱给水方式、气压给水方式、变频泵（无水箱）给水方式。每一种给水方式都有各自的特点和适用条件，给水方式的选择应根据建筑物的性质和使用要求，综合考虑给水方式的设备占用建筑面积、设备投资费用、供水可靠性、运行费用和管理难易程度等因素。

下面主要介绍高位水箱给水方式。高位水箱给水方式的供水设备包括水泵和水箱，又可分为串联式给水方式、减压给水方式、并联式给水方式等。高位水箱的作用是储存和调节本区的用水量和稳定水压；水泵房内的离心泵的作用是向水箱供水。高位水箱给水方式如表 2-3 所示。

表 2-3 高位水箱的供水方式

名称	图示	特点	适用范围
串联式给水方式	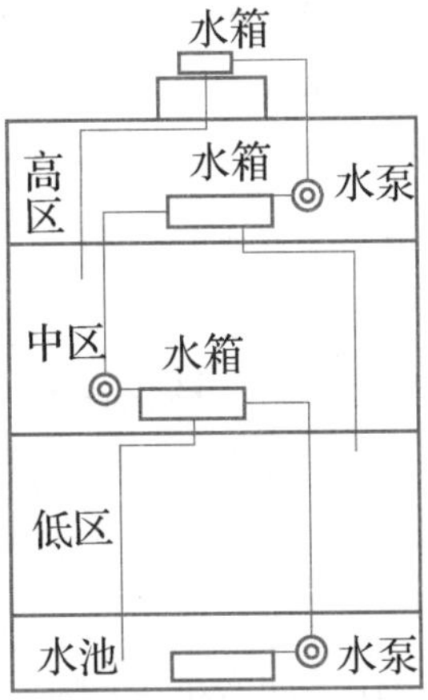 水箱 高区 水箱 水泵 中区 水箱 低区 水池 水泵	管路简单，造价低；水泵保持高效工作，节能；水泵数量多；设备不集中，维修管路不方便；供水不安全，下区供水有故障直接影响到上区供水；下区水箱、水泵容积功率大	一般用于建筑高度超过 100m 的超高层建筑
减压给水方式	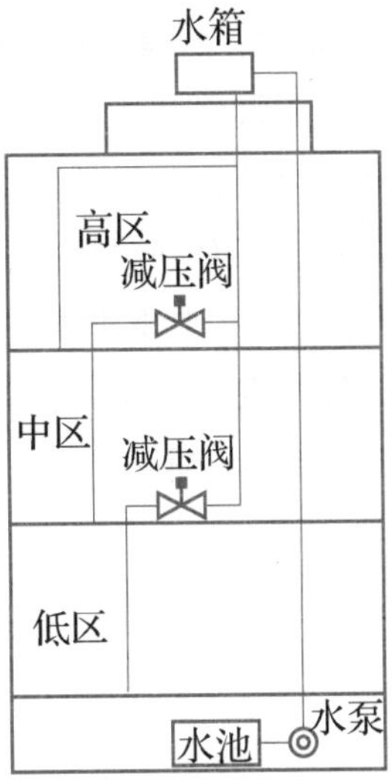 水箱 高区 减压阀 中区 减压阀 低区 水池 水泵	水泵数量少，型号统一，占地少，设施集中，便于维修和管理；管线布置简单，投资少；低区水压损失大，能量消耗多；上部水箱容积大，增加结构负荷。用减压阀减压比水箱减压更节省建筑面积	一般用于建筑高度不大，分区较少，地下室面积较小，中间允许设置水箱及当地电费较便宜的高层建筑

续表

名称	图示	特点	适用范围
并联式给水方式	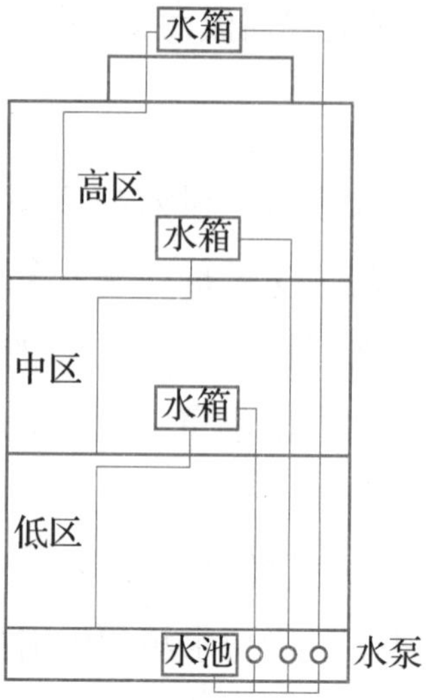 水箱 高区 水箱 中区 水箱 低区 水池 水泵	供水可靠；设备布置集中，便于维修和管理；节能，耗能少；水泵数量多；扬程各不相同；中间有水箱，增加建筑负荷	适用于建筑高度不大于 100m，不允许全楼停水，且中间允许设置水箱的建筑
变频泵（无水箱）给水方式	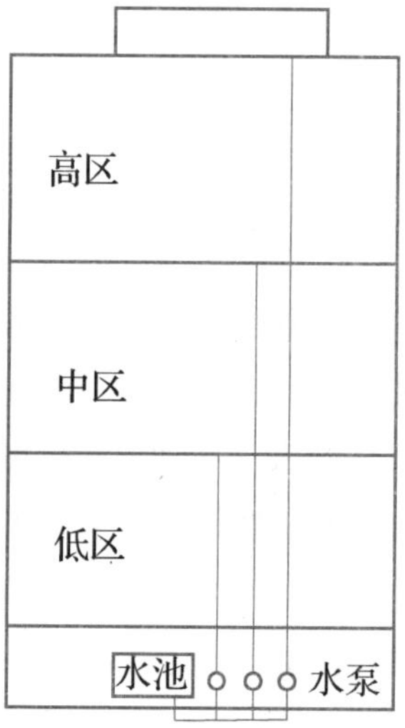 高区 中区 低区 水池 水泵	根据用户用水量的变化，对水泵变频调速，随时满足室内给水管网对水压和水量的要求；变频泵设于建筑底层，设备布置集中，便于维修和管理；中间未设置水箱，节省建筑面积；节能，耗能少；水泵数量多，扬程各不相同，投资较大	适用于建筑高度不大于 100m，不允许全楼停水，且中间不允许设置水箱的建筑
气压给水方式	 高区 中区 低区 水池 气压给水设备	气压罐调节供水较变频方式安全；设备布置集中，便于维修和管理；减轻楼房荷载，节省楼层面积，对抗震有利。缺点是气压给水压力变化幅度大，气压设备效率低，耗能多，造价较高	适用于不适合设置高位水箱和水塔的高层建筑，特别是对于地震区的高层建筑具有重要意义

案例分析

下面以某酒店给水施工图作为例子来进行识图，需要对高层建筑给水施工图要结合平面图、系统图、大样图等图样进行综合审读。

1. 识读水泵房大样图、水泵房给水系统原理图

从图 2-18 和图 2-19 中可以识读以下信息：

1）该办公楼使用的生活用水水源来自市政管网，市政管网自来水经过市政水表井进入建筑物内，一路供应冷热源机房补水，另一路供应生活水箱补水，管径为 DN150。

2）生活水箱容积为 60m³，共两个生活水箱，每个水箱内设有一个自动浮球阀，在水位达到要求时浮球阀关闭，将补水管截流。

3）水泵房内共有 6 台水泵供给办公楼用水，分为高、中、低区 3 组水泵，每组两台，均一用一备，水泵上端与水箱出水管连接，下端连接办公楼供水主管道。水泵出口设置闸阀、可阻挠接头、压力表、止回阀等相应管道附件。

4）水源经过水泵加压进入到办公楼给水主管道内，共 3 根给水主管道，分别为 XZB-1J、XZB-2J、XZB-3J，分别供应低区、中区、高区自来水，其中 XZB-1J 管径为 DN80，其余两根管道管径为 DN100。

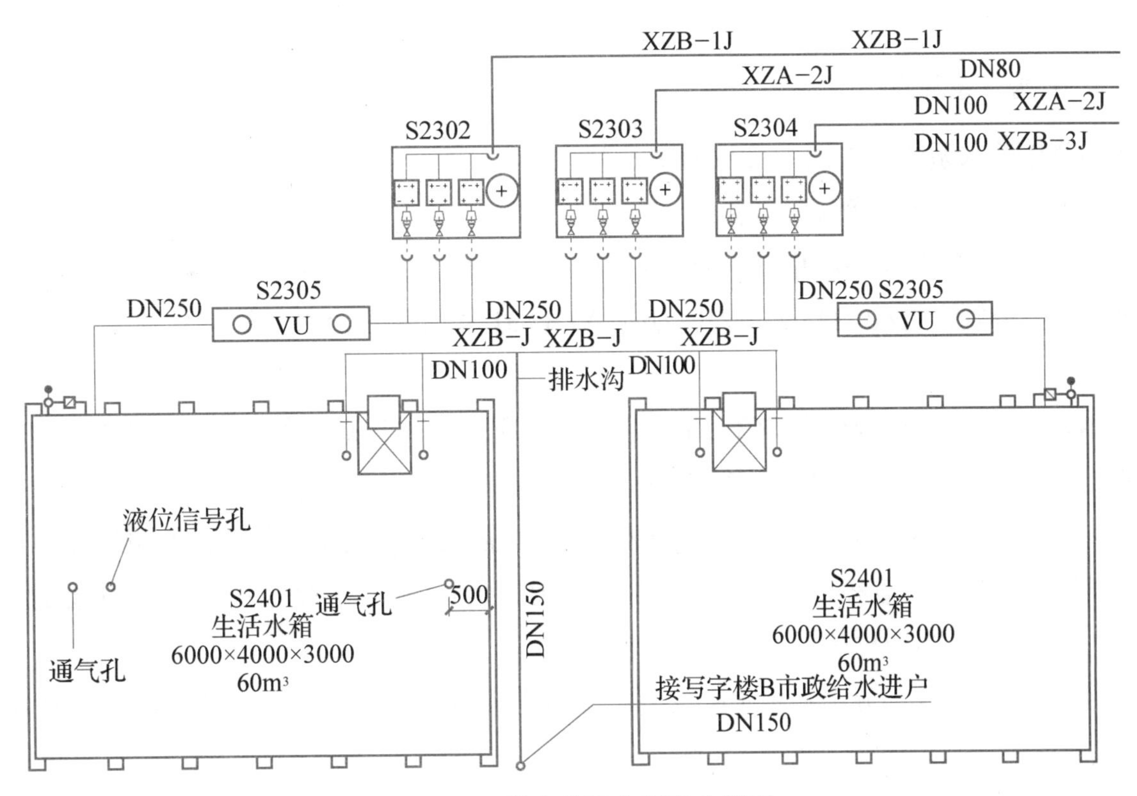

图 2-18　某办公楼水泵房大样图

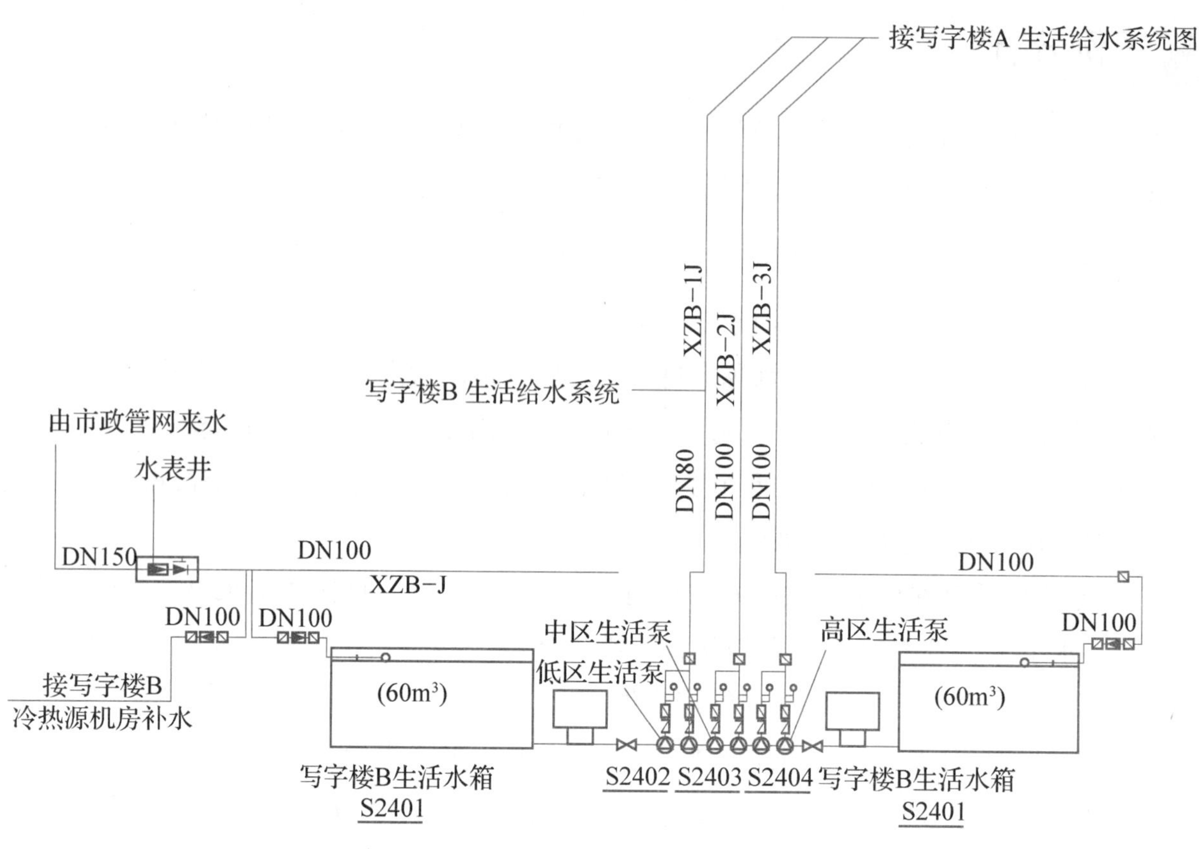

图 2-19 某办公楼水泵房给水系统原理图

2. 识读给水系统图

某办公楼给水系统图如图 2-20 所示。

从图 2-20 中可以识读以下信息：

1）三根主干管进入到管井后，分成 4 根给水立管，其中 XZB-1J 及 XZB-2J 各自分出 1 根给水立管，分别为 XZB-1JL 及 XZB-2JL；XZB-3J 分出两根给水立管，分别为 XZB-3JL-1 及 XZB-3JL-2。

2）XZB-1JL、XZB-2JL、XZB-3JL-1 分别供应低、中、高区给水系统，XZB-3JL-2 供应楼顶高位水箱补水，XZB-1JL 管径为 DN80，其余管道管径为 DN100。

3）三根立管 XZB-1JL、XZB-2JL、XZB-3JL-1 随着楼层的增高供给的水量减小，所以管道在楼层增高的过程中管径逐渐变小。以 XZB-1JL 为例，一层立管为 DN80，而四层的立管则为 DN65，五层立管为 DN50。

4）每层给水立管都分出一根水平支管，支管上设有水表及阀门，水平支管管径为 DN50。

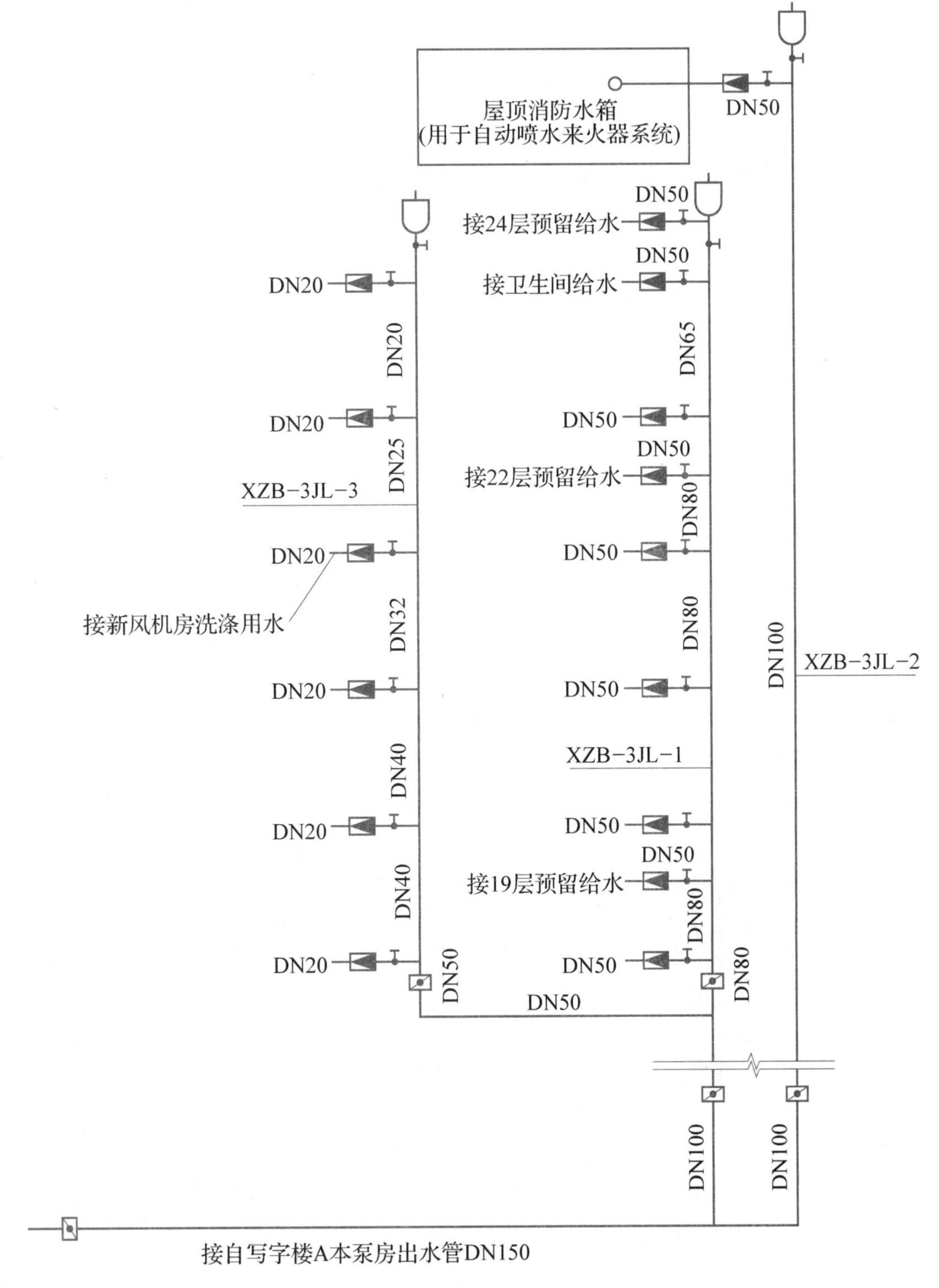

图 2-20 某办公楼给水系统图

3. 识读给水平面、给水轴测图

某办公楼给水平面图和给水轴测图如图 2-21 和图 2-22 所示。

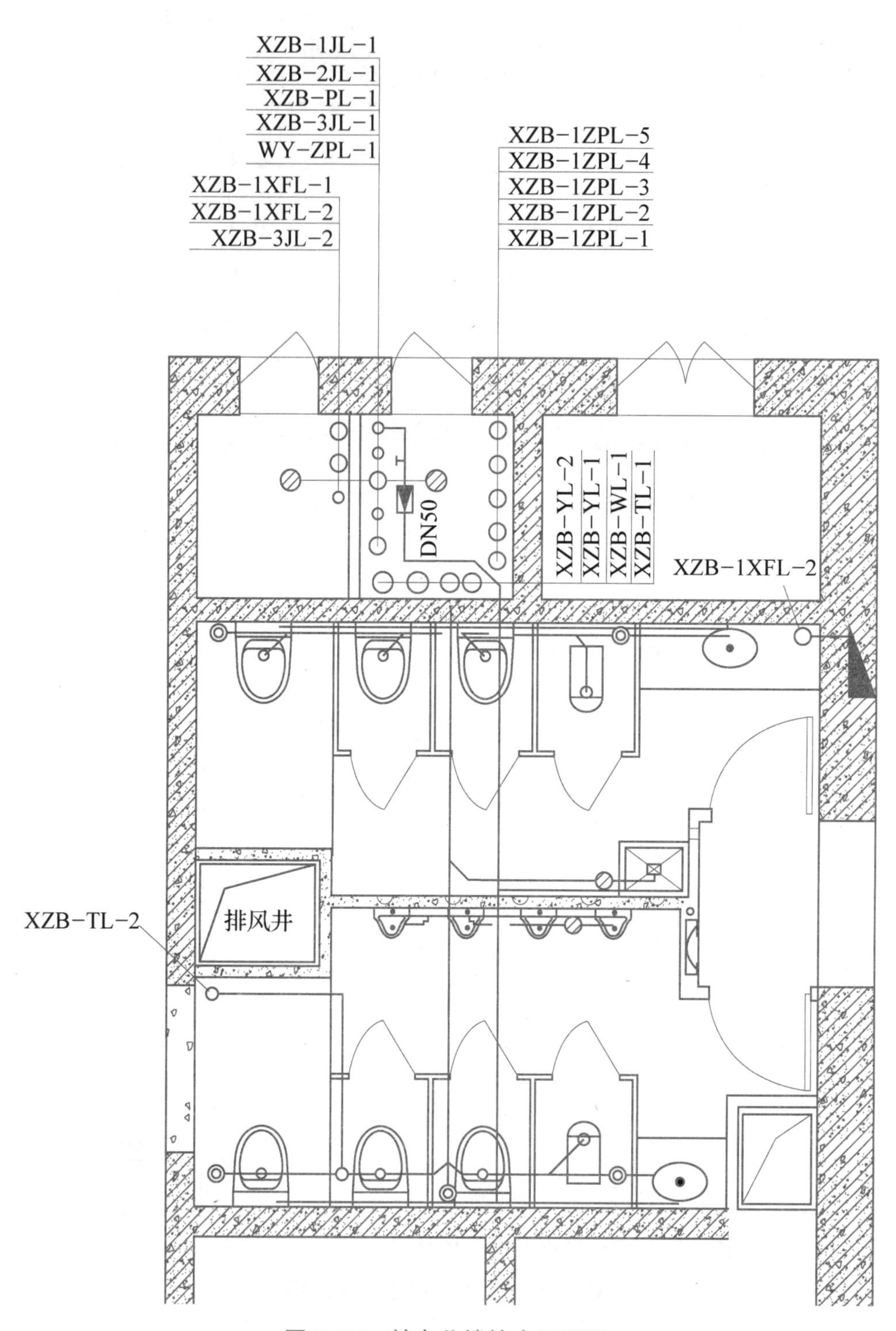

图 2-21 某办公楼给水平面图

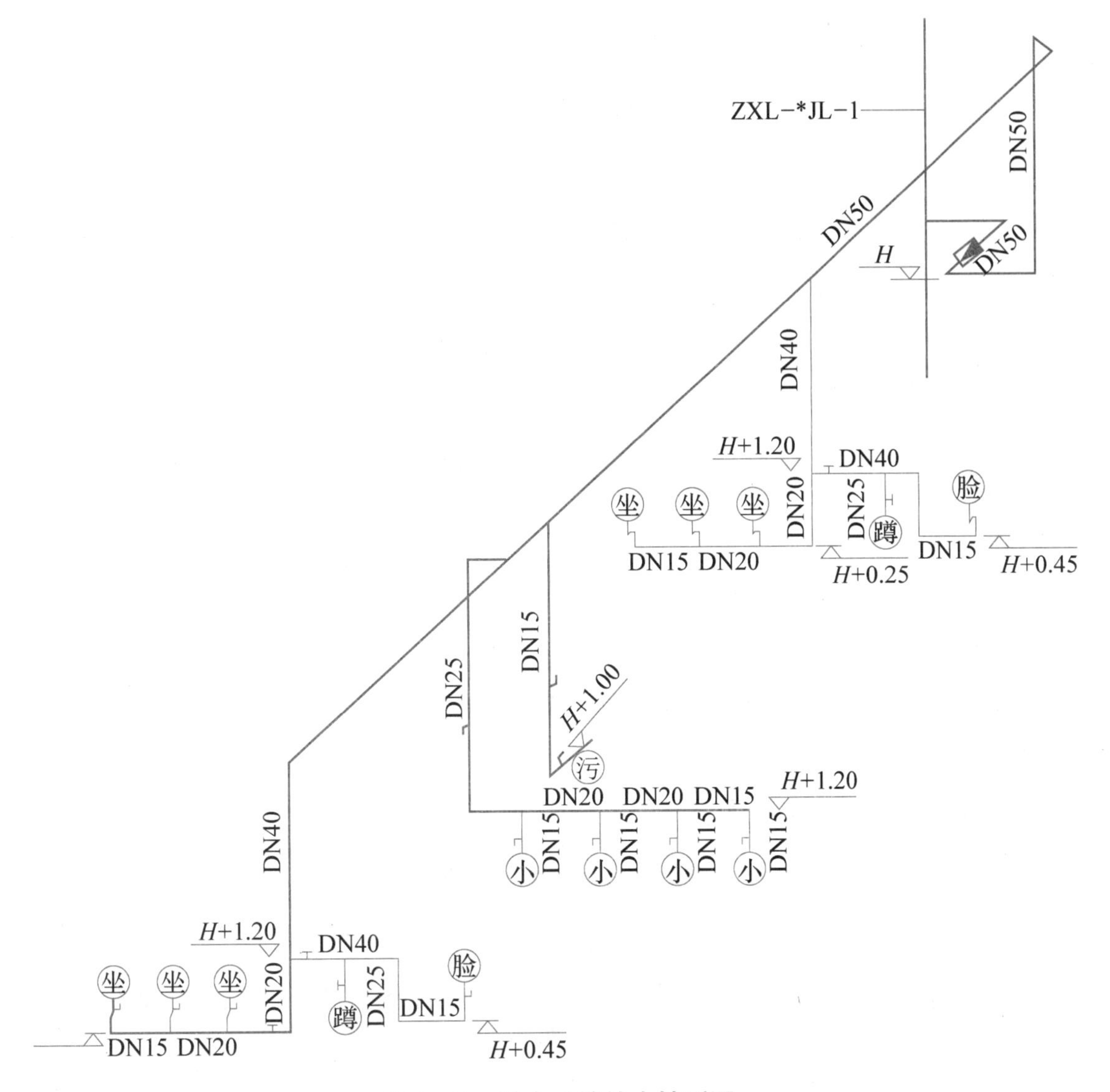

图 2-22　某办公楼给水轴测图

从图 2-21 和图 2-22 中可以识读以下信息：

1）办公楼内主要的给水点位为卫生间给水，DN50 的水平支管从水井直接进入卫生间内。

2）办公楼卫生间内卫生器具主要包括坐便器、小便器、水盆、拖布池等。

3）随着供水点位的减少，给水水平管也在逐渐缩径，给水管道在系统末端水位点管径缩小为 DN20。系统图中给出了各给水点位的预留高度，如小便器，图中显示给水点预留高度为 +1. 20m。

单元小结

本项目主要介绍了建筑给水施工图的识读基础及建筑给水平面图、给水系统图、水箱及气压给水设备图的内容与识读技巧，并配备高层建筑给水施工图案例进行解说，巩固基础理论，使学生能对建筑给水施工图有一个深刻的认识和理解。

学习评价

1. 自我评价

（1）对建筑给水施工图是否有了一定了解并能快速解读相关信息？

（2）是否知道给水系统的分类组成？

（3）是否可以准确识读建筑给水平面图、系统图所传达的信息？

2. 学习任务评价表

学习任务评价表如表2-4所示。

表2-4 学习任务评价表

考核项目	分数			学生自评	组长评价	教师评价	小计
	差	中	好				
建筑内部给水施工图基础理论	6	13	20				
建筑给水平面图识读能力	6	13	20				
建筑给水系统图识读能力	6	13	20				
水箱及气压给水设备图识读能力	6	13	20				
高层建筑给水施工图的识读能力	6	13	20				
总分	100						
教师签字： 年 月 日						得分	

复习思考题

1. 建筑给水施工图中管道、卫生设备有哪些？各有什么作用？
2. 建筑给水系统是怎么定义的？供水方式有哪些？
3. 建筑室内给水平面图包含哪些内容？如何识读室内给水施工图？
4. 自行识读“2.4 识读高层建筑给水施工图”中案例部分的图样。

单元 3

识读建筑排水施工图

单元导读

建筑排水施工图是表达室外给水、室外排水及室内给水排水工程设施的结构形状、大小、位置、材料及有关技术要求的图样，以供交流设计和施工人员按图施工。给水排水施工图一般是由基本图和详图组成，包括管道设计平面布置图、剖面图、系统轴测图及原理图、说明等；详图表明各局部的详细尺寸及施工要求。

学习目标

1. 结合各种实例，理解并掌握建筑排水系统的分类和组成，以及看图的方法与步骤。

2. 识读建筑排水施工图，能根据图样识别管材、图例等，结合平面图和系统图识读图样。

3. 掌握识读排水施工图的特点，总结识读图的技巧，在实际工程中予以运用。

4. 引导学生形成对建筑排水的初步印象，使其了解建筑排水的重要性，从而激发其对行业的热爱。

思维导图

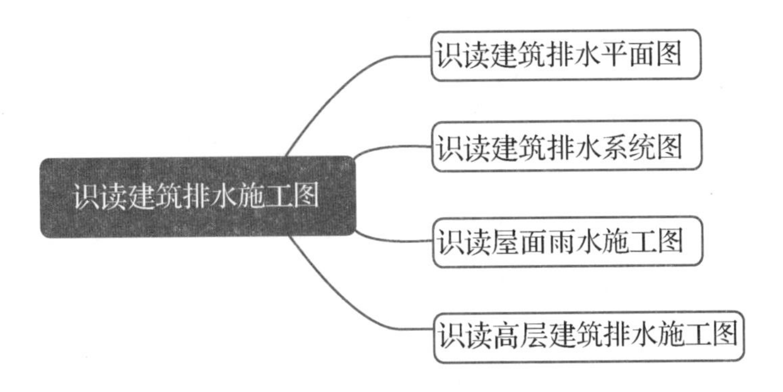

3.1 识读建筑排水平面图

排水工程是与给水工程相配套，用来汇集、输送、处理与排放生活污水、生产污水和雨、雪水的工程设施。建筑排水平面图是表明建筑物建设所在位置的平面排水状况的布置图。它主要反映建筑中汇集、输送、处理和排放生活污水、生产污水和雨、雪水的工程设施的形状、位置等内容。

1. 排水系统的组成

建筑排水是指建筑内的卫生洁具使用后的水经过排水管道，再经过适当处理排放至室外检查井，进而排放到市政排水管道中。建筑内部排水系统一般由卫生器具、排水横支管、排水立管、通气管、清通设备和排出管等部分组成，如图 3-1 所示。

1）卫生器具。卫生器具是排水系统的起点，包括洗脸盆、浴盆、坐便器、小便器、洗涤盆等。污水从卫生器具经存水弯排至排水横支管。

2）排水横支管。排水横支管是将各个卫生器具排水支管接纳来的污水排至立管，横管具有一定的坡度，最小管径为 50mm，坐便器的最小管径为 100mm。

3）排水立管。排水立管指的是建筑物的顶层到底层排水干管的垂直管段。

4）通气管。通气管有伸顶通气管或者专用通气管，设置目的是使排水系统内空气流通，稳定压力，防止水封破坏，阻止管道中的有害气体进入室内。

5）清通设备。清通设备通常有检查口和清扫口，用以检查和疏通。检查口设置在排水立管上，距离地面一般为 1.0m，清扫口设置在较长横管顶端，如图 3-2 所示。

6）排出管。排出管用来连接排水立管和室外检查井。

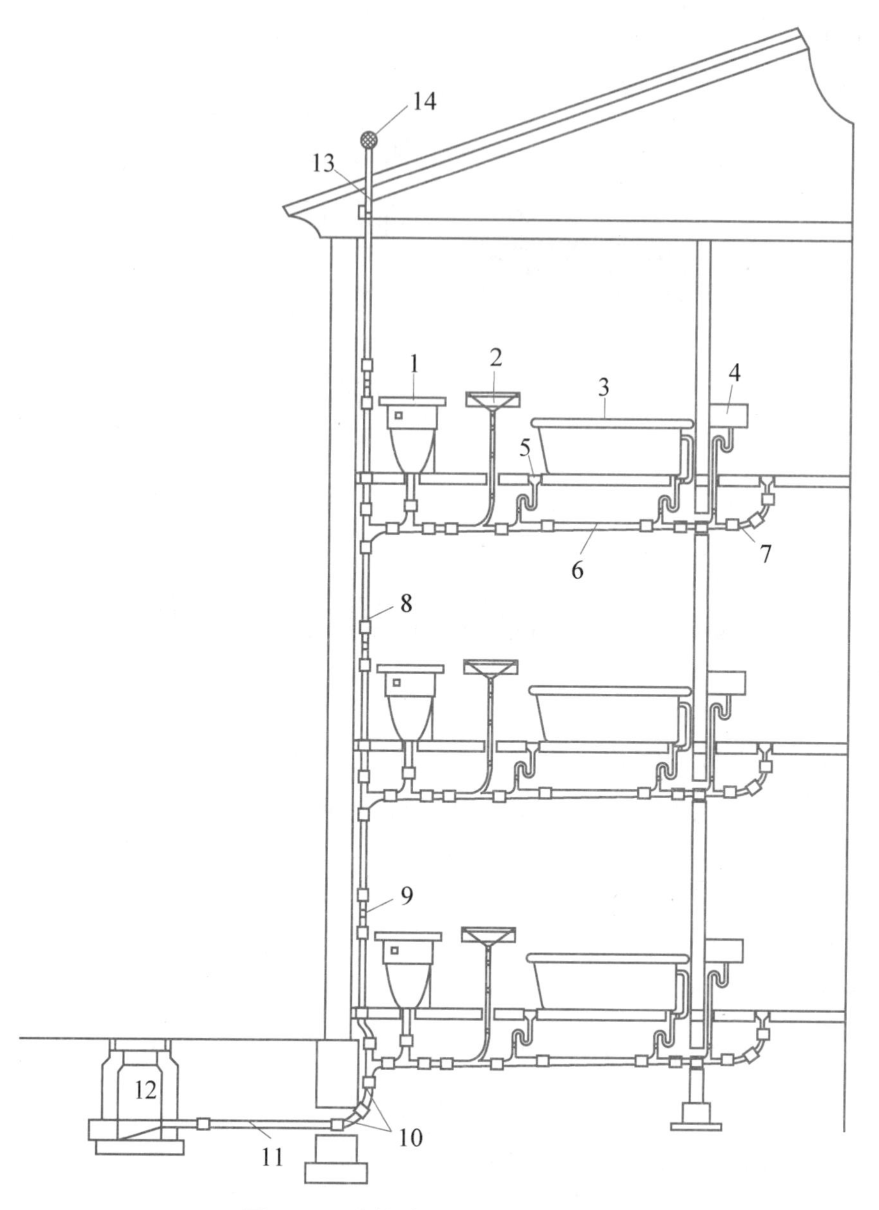

图 3-1 建筑内排水系统的组成

1—坐便器；2—洗脸盆；3—浴盆；4—洗涤盆；5—地漏；6—排水横支管；7—清扫口；8—排水立管；9—检查口；10—45°弯头；11—排出管；12—检查井；13—通气管；14—通气帽

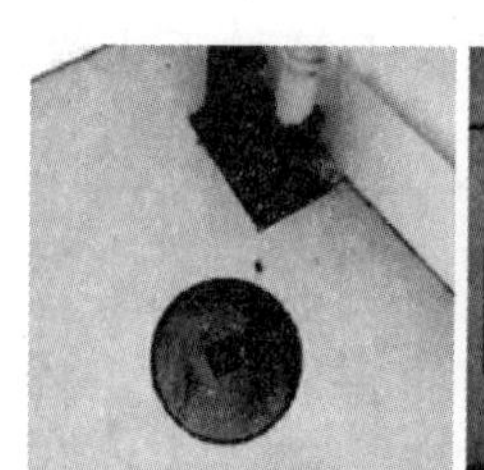

（a）清扫口

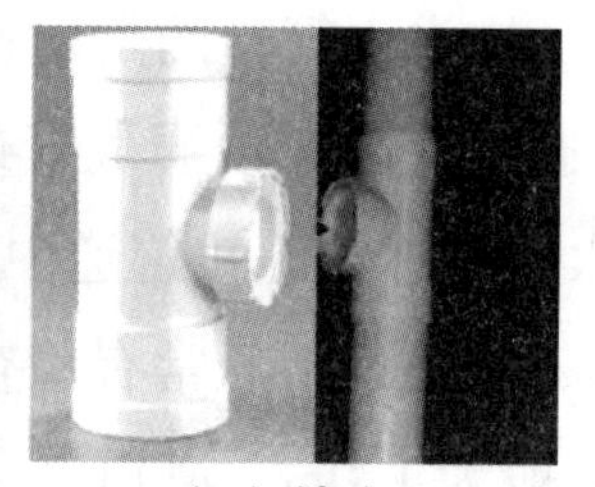

（b）检查口

图 3-2 清通设备

2. 排水系统的分类

1）建筑排水合流制，即污废合流，指生活污水与生活废水、生产污水与生产废水采用同一套排水管道系统排放，或污水、废水在建筑物内汇合后采用同一排水干管排至室外。

2）建筑排水分流制，即污废分流，指生活污水与生活废水、生产污水与生产废水分别设置独立的管道系统，生活污水、生活废水、生产污水、生产废水分别排水。

3）下列情况下建筑物宜采用生活污水与生活废水分流的排水系统。

①建筑物使用性质对卫生标准要求较高。

②生活废水量大，且环卫部门要求生活污水需经化粪池处理后才能进入城镇排水管道。

③生活废水需回收利用。

3. 排水管道的布置

1）建筑内排水管道自卫生器具至排出管的距离应最短，管道转弯应最少，使得排水能更快地被排除。

2）排水立管宜靠近排水量最大的排水点，不得穿越卧室。

3）为了改善管道内的水力条件，避免管道堵塞，室内管道的连接应符合：

①卫生器具排水管与排水横支管垂直连接，宜采用90°斜三通。

②排水管道的横管与立管连接，宜采用45°斜三通或45°斜四通和顺水三通或顺水四通。

③排水立管与排出管端部的连接，宜采用两个45°弯头。

管件示意图如图3-3所示。

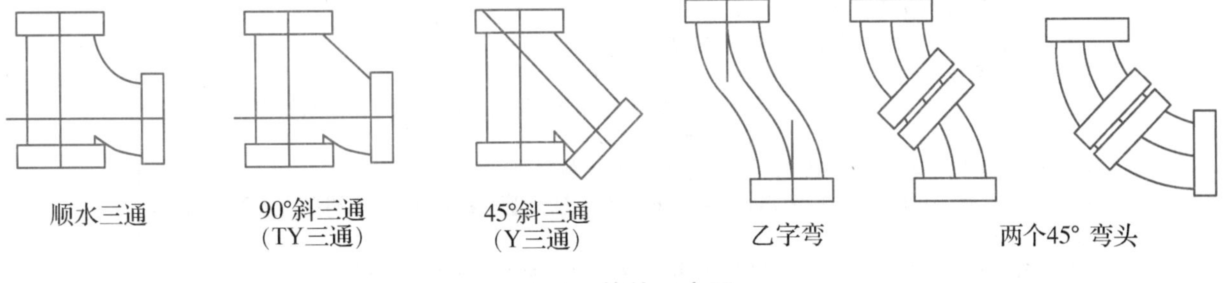

图3-3 管件示意图

案例分析

下面以某六层住宅为例进行建筑排水平面图的识读，包括设计说明（包括图纸目录、文字说明、图例等）、一层排水平面图、标准层排水平面图、顶层排水平面图等的识读。

1. 设计说明

设计说明（图3-4）一般包括图纸目录、文字部分和图例。识读图样之前，应仔细阅读设计说明。

1）图纸目录一般在所有建筑排水施工图的最前面，不编入图纸的序号。其中，包括建设单位、项目名称、设计单位的设计号、页数、图纸序号、图别、图号、图纸名称、图纸规格、是否为新图等。图纸目录可以让读者快速定位图纸。

2）文字部分主要介绍了工程概况、设计范围、设计指导依据、污水系统及施工中的注意事项。

建设单位：###

项目：### 设计号：### 第1页

序号	版本	图别	图号	图纸名称	图幅	新图/修改图/补充图
1	1	水施	00	图纸目录	A4	新图
2	1	水施	01	设计说明	A1	新图
3	1	水施	02	一层给水排水平面图	A1	新图
4	1	水施	03	3~5层给水排水平面图	A1	新图
5	1	水施	03	6层给水排水平面图	A1	新图

（a）图纸目录

设计说明

一、设计依据
1. 已批准的初步设计文件。
2. 建设单位提供的本工程有关资料和设计任务书。
3. 建筑和有关工种提供的作业图和有关资料。
4. 国家现行有关给水、排水、消防和卫生等设计规范及规程。
二、设计范围
室内给水排水系统。
三、工程概况
1. 本建筑为普通住宅，共6层。
2. 本工程总建筑面积为3875.14m²，建筑高度：18.80m。
四、管道系统
1）本工程污废水采用合流制，室内一层及以上污废水重力自流排入室外污水管道。
2）污水经化粪池处理后，排入市政污水管。
3）住宅卫生间及厨房采用伸顶通气，底层污水单独排出。
4）污水立管采用UPVC螺旋消声管，排水横干管及横支管采用优质UPVC塑料排水管，粘接。
5）排水坡度。
塑料排水管坡度未标注者：$d50 \rightarrow i=0.025$；$d75 \rightarrow i=0.015$；$d110 \rightarrow i=0.012$
$d125 \rightarrow i=0.010$；$d160 \rightarrow i=0.007$；$d200 \rightarrow i=0.005$。
6）排水立管及水平干管做通球试验，埋地部分在隐蔽前做灌水试验。
五、其他
1. 管道穿伸室内剪力墙处预埋钢套管。根据选定的卫生洁具样本及标准图预留洁具孔洞，施工中请密切配合土建等专业做好楼板、墙体处留洞。
2. 采用节水型卫生器具，地漏采用防反溢地漏，存水弯及地漏水封深度≥50mm。
坐便器一次冲洗量不大于6L/s；排水检查口距地1.0m；严禁采用钟罩式地漏。
3. 本图尺寸除标高以米计外，其他均以mm计。

（b）文字部分

图 3-4 某住宅设计总说明

图例	名称	图例	名称
—W— WL-	生活污水管 立管		洗脸盆
	通气帽		低水箱坐便器
	地漏		洗涤盆
	清扫口		浴缸
	立管检查口		淋浴房
			洗衣机

（c）图例

图 3-4　某住宅设计总说明（续）

3）图例是对建筑图中所用的各种符号或线形所代表内容进行说明，如“W-”为污水排出管，当建筑物的排水出口数量多于 1 个时，用数字进行编号，便于识图；“WL-”为污水立管，当污水立管数量多于 1 个时，用“WL-阿拉伯数字”进行编号，“WL-1”和“WL-2”代表第 1 根污水立管和第 2 根污水立管。

2. 一层排水平面图

排水平面图是在建筑平面布置的基础上，根据规范相应规定绘制的反映排水设备、管道的平面布置状况。排水平面图是假想通过水平剖开一栋房屋的门窗洞口（移走房屋的上半部分），将切面以下部分（包括排水管道、卫生器具等）向下投影所得的水平剖面图。建筑排水平面图既表示建筑物在水平方向各部分之间的组合关系，又反映管道、卫生器具等具体内容。常用比例是 1∶100 和 1∶50。

（1）排水平面图主要内容

1）平面中管道的敷设位置、管径，排出管管道中心的定位尺寸。

2）管道立管编号应该按照图面上从左到右的顺序进行编号，不同楼层的立管编号应该一致。

3）管道布置相同的楼层可绘制一个楼层平面图，一般称为标准层平面图。

4）各楼层地面应以相对标高标注，与建筑专业应一致。

（2）识读排水平面图（图 3-5）

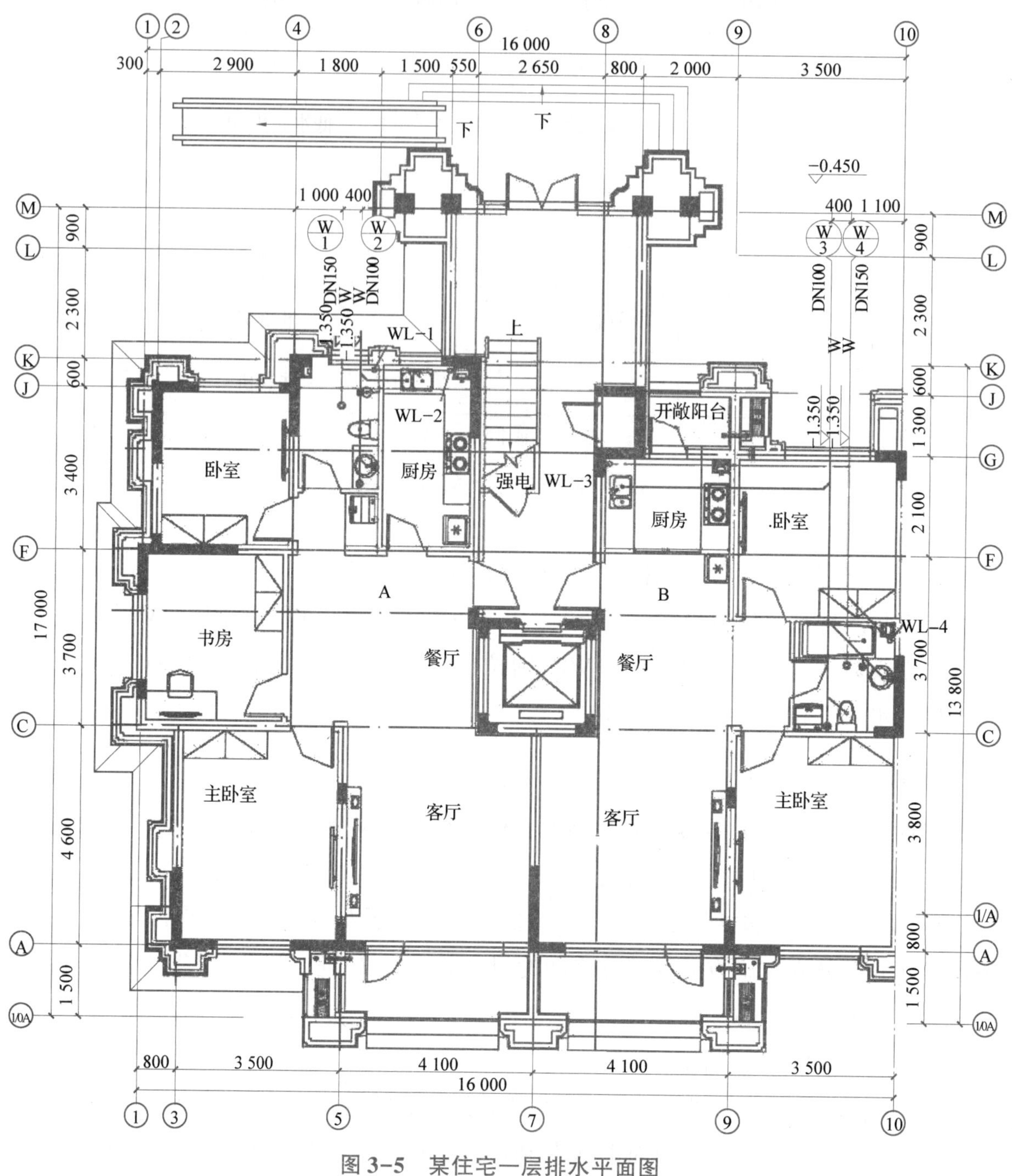

图 3-5　某住宅一层排水平面图

按照从起点到终点的顺序，立管编号从左到右的顺序进行识图：

此单元有两户型 A 和 B，每户各有一个卫生间和一个厨房，A 户型一层卫生间和厨房单独排放，通过距离 4 轴 1400mm 的管径为 DN100 排水横管接入室外 2 号污水井中，WL-1（编号为 1 的污水立管）和 WL-2（编号为 2 的污水立管）在一层汇合后，通过距离 4 轴 1000mm 的排出管接入室外 1 号污水井中，在转弯处设置清扫口。B 户型的一层卫生间和厨房分别位于 8 轴和 9 轴、C 轴和 F 轴之间，与 A 户型排放方式相同，采用底层单独排放，卫生间处设置清扫口，排出管管径为 DN100，距离 10 轴线 1400mm，接入室外 3 号污水井中，WL-3（编号为 3 的污水立管）和 WL-4（编号为 4 的污水立管）的排放原理和 WL-1、WL-2 类似，通过底部管径为 DN150 的排出管汇入室外 4 号污水井中。

排出管标高均为-1. 35m，室内外高差为 0. 45m。

3. 标准层排水平面图

管道布置相同的楼层可绘制一张楼层平面图，一般称为标准层平面图。如图 3-6 所示，此住宅 2F～5F 管道布置相同，所以可用一张图样来表示。

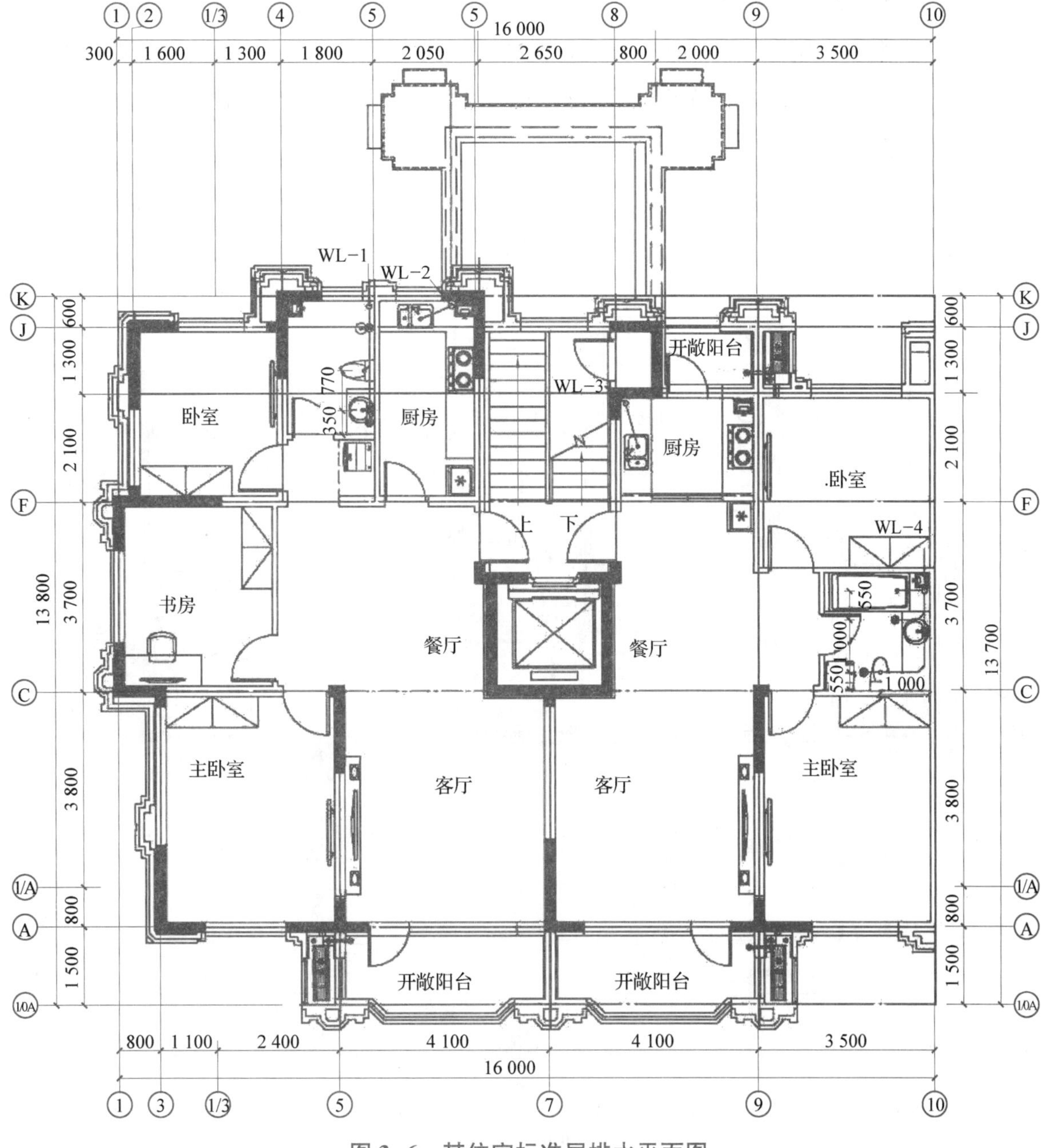

图 3-6　某住宅标准层排水平面图

通过标准排水平面图可以识别，WL-1 排水立管用来容纳 A 户型卫生间中的 1 个洗脸盆、1 个坐便器、1 个淋浴器的排水，WL-2 排水立管用来容纳 A 户型厨房中洗涤盆的排水，WL-3 排水立管用来容纳 B 户型卫生间中的 1 个坐便器、1 个洗脸盆、1 个浴盆的排水，WL-4 排水立管用来容纳 B 户型厨房中洗涤盆的排水。

4. 顶层排水平面图

最顶层的建筑平面与标准层平面有一些差别，其主要表现在：楼梯的不同，楼梯不再向上；造型上的不同，可能顶层在建筑平面布置上不同；构造上的不同，因为可能有露台。有一些建筑，顶层的层高也与标准层不同。所以，顶层排水平面图要和标准层平面图分别绘制。

对于图 3-7 所示住宅顶层平面图，A 户型的卫生间布置发生了变化，卫生器具整体向左偏移，排水管道随之发生改变，横干管也向左偏移，WL-1 立管位置不变，其他污水立管和污水干管没有发生变化。

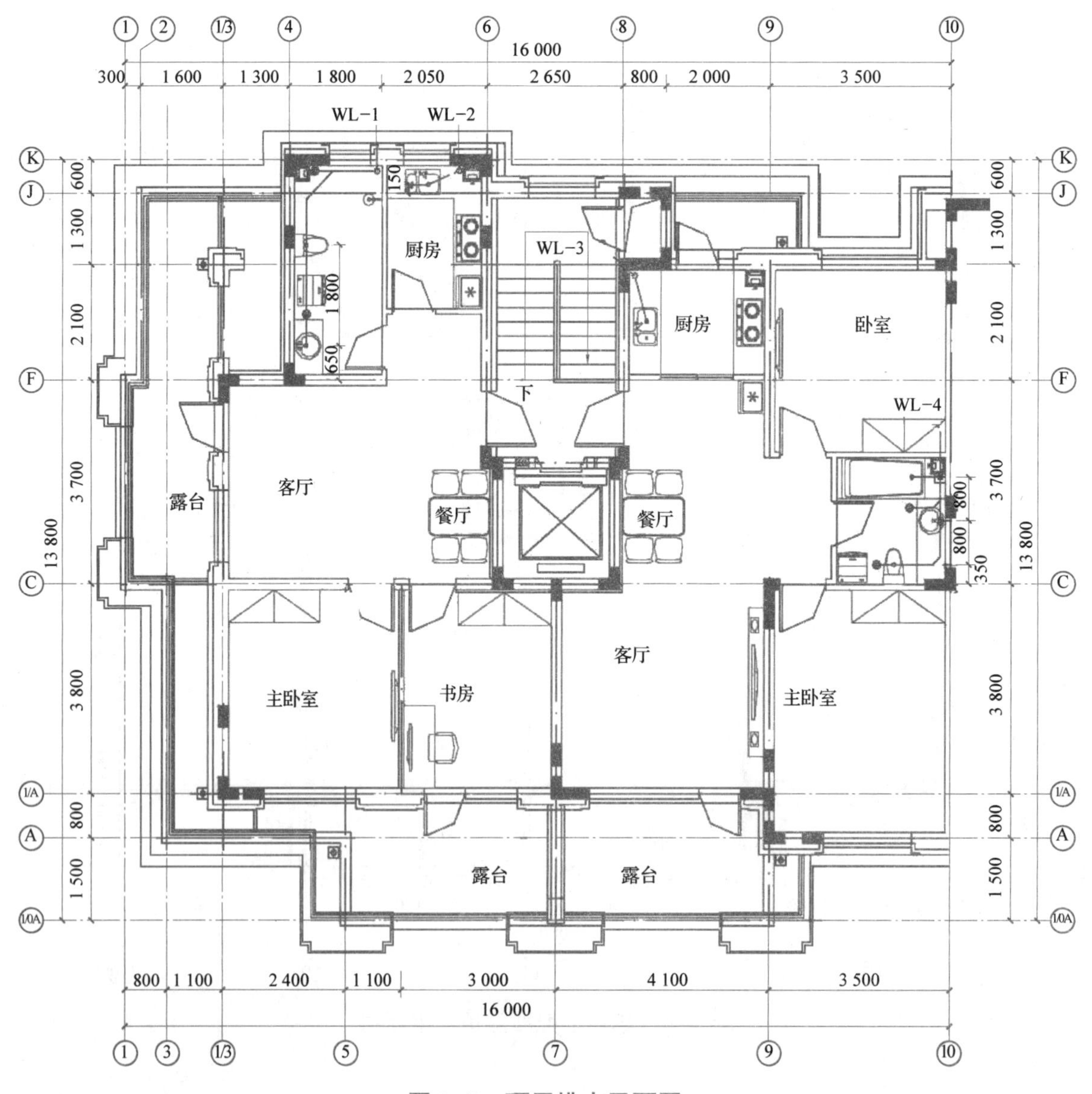

图 3-7　顶层排水平面图

3.2 识读建筑排水系统图

排水平面图是对室内排水设备及其排水管道的体现，但是由于管道系统往往存在重叠交叉部分，仅靠平面图无法完整、清楚地表达，因此需要排水系统图来反映管道空间上的变化。

排水系统图主要内容：

1）排水管道管径、标高、坡度，包括室内外平面高差、排水横管的坡度。

2）重要管件的标注，如排水立管检查口、顶部通气帽的高度。

3）立管的编号，楼层标高、层数、排水系统的编号。

4）排出管穿外墙的位置。

5）排水系统图，编号一般以左端为起点，以顺时针方向按照排水立管位置进行编号。管道标号与平面图保持一致。

1. 住宅排水系统图识读

识读排水系统图时，注意熟练掌握相关图例符号代表的内容，按照从起点到终点，即“卫生器具→排水横管→排水立管→排出管”的顺序进行，逐步明确排水管道的管径、走向、标高、通气系统形式等。为了更好地理解排水图样的识读，图 3-8 所示的排水系统图与图 3-5 和图 3-6 所示的排水平面图为同一工程，上下呼应。

根据图 3-8 所示图样，配合相应的平面图可知：

1）卫生间和厨房的立管分别设置，WL-1 立管接纳的是 2 层以上卫生间的排水，2~4 层的排水支管图和 5 层相同，各层的排水横管均敷设在该层楼板之下，也就是下层的顶棚处。WL-2 立管承接的是 2 层以上厨房的排水，与卫生间排水支管有所区别，厨房排水支管距离该层地面以上 100mm，2 根立管汇合到 1 根 DN150 的排出管，在 K 轴线处穿越外墙排到 1 号室外检查井中。

2）一层 A 户型卫生间和厨房的排水单独排放，洗涤盆和洗脸盆设有存水弯，总横干管的管径为 DN100，在 K 轴处穿外墙排到 2 号室外检查井，一层 B 户型卫生间和厨房的排水也单独排放，在 G 轴处穿越外墙排到 3 号室外检查井中。

WL-3 和 WL-4 排水原理与 WL-1 和 WL-2 类似，这里不做赘述。

排水立管顶部通气帽高出屋面 700mm，1 层和 6 层设置的立管检查口距该层地面距离为 1 000mm，住宅层高为 2.9m，室内外高差为 0.45m，排出管敷设深度为室外地坪下 0.9m，相对标高为（0.9+0.45）m，所以标高为 1.35m。

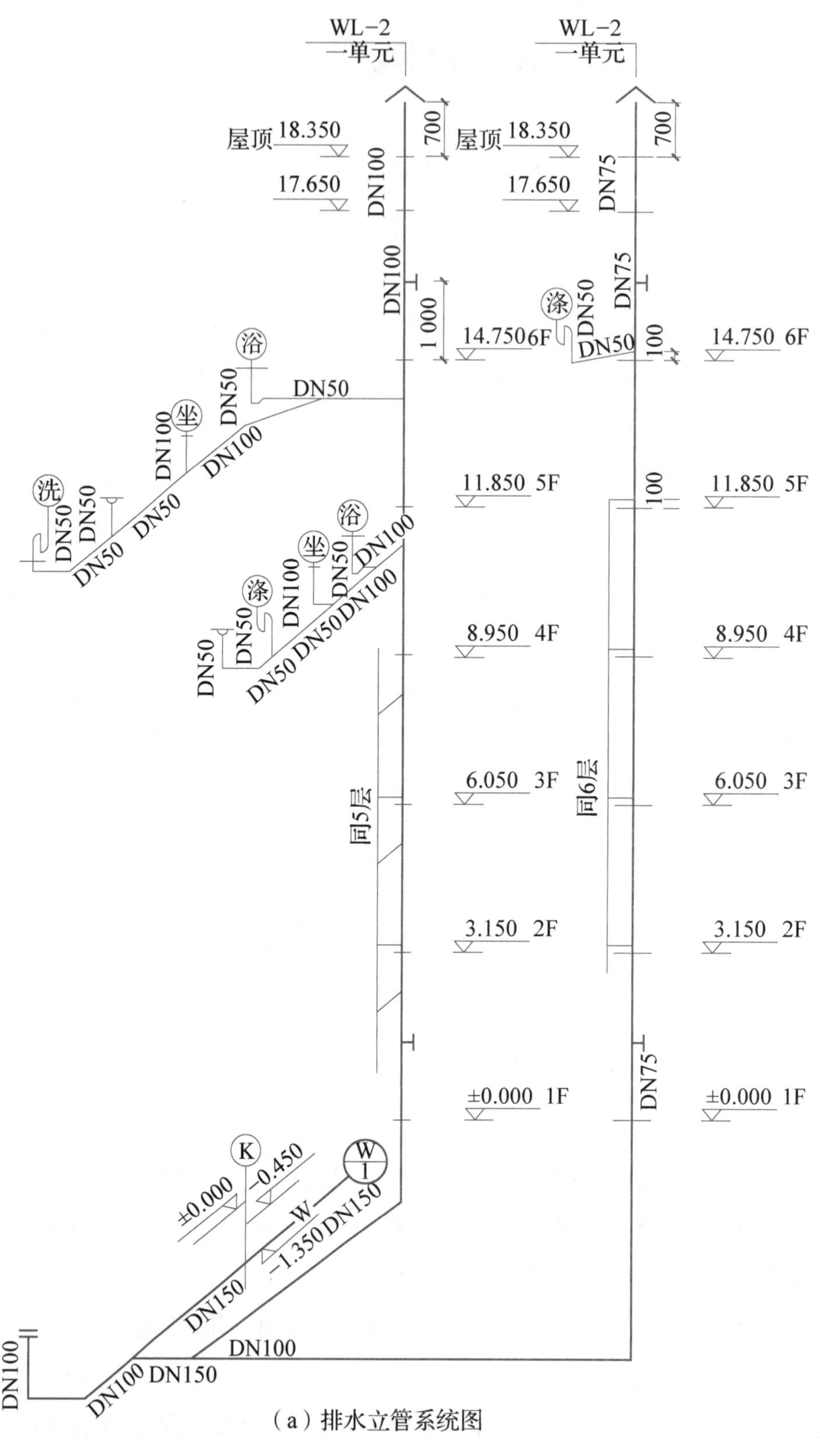

（a）排水立管系统图

图 3-8 排水系统图

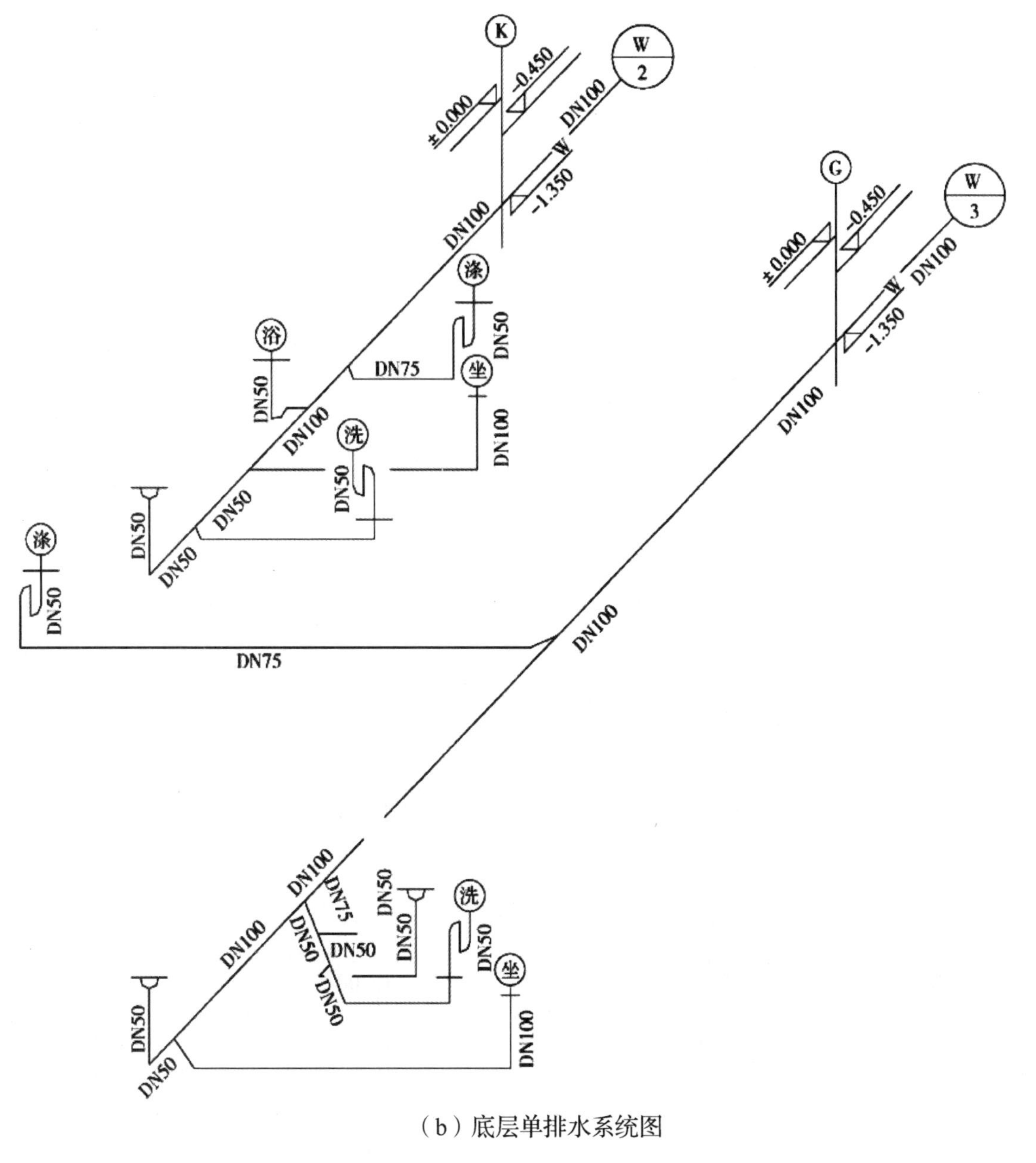

（b）底层单排水系统图

图 3-8 排水系统图（续）

2. 识读公共建筑排水系统图

不同类型的图样表达方式有所区别，以图 3-9 所示公共建筑的公共卫生间为例，结合平面图和系统图来识读图样。

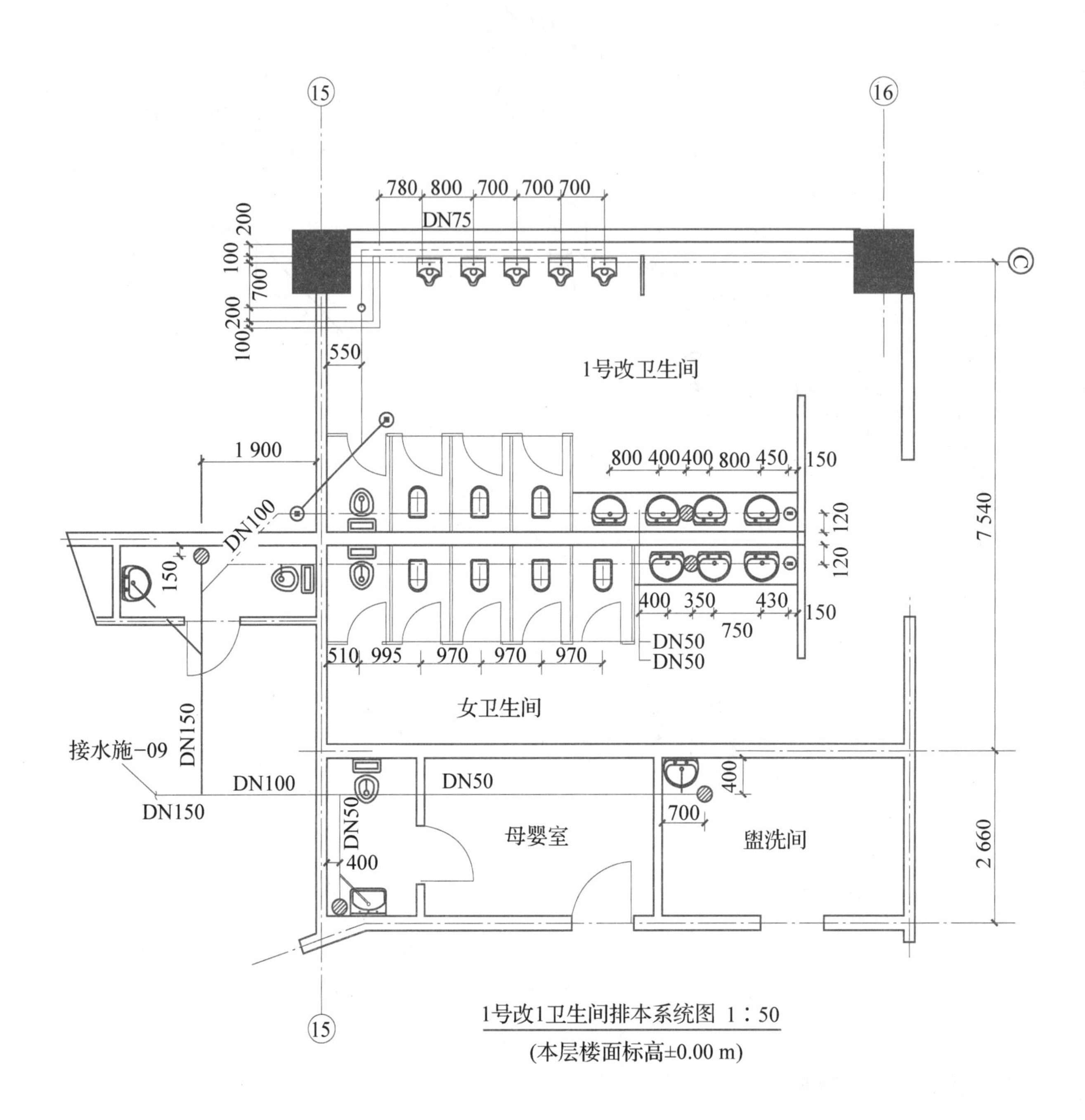

（a）卫生间排水平面图

图 3-9 公共卫生间排水图样

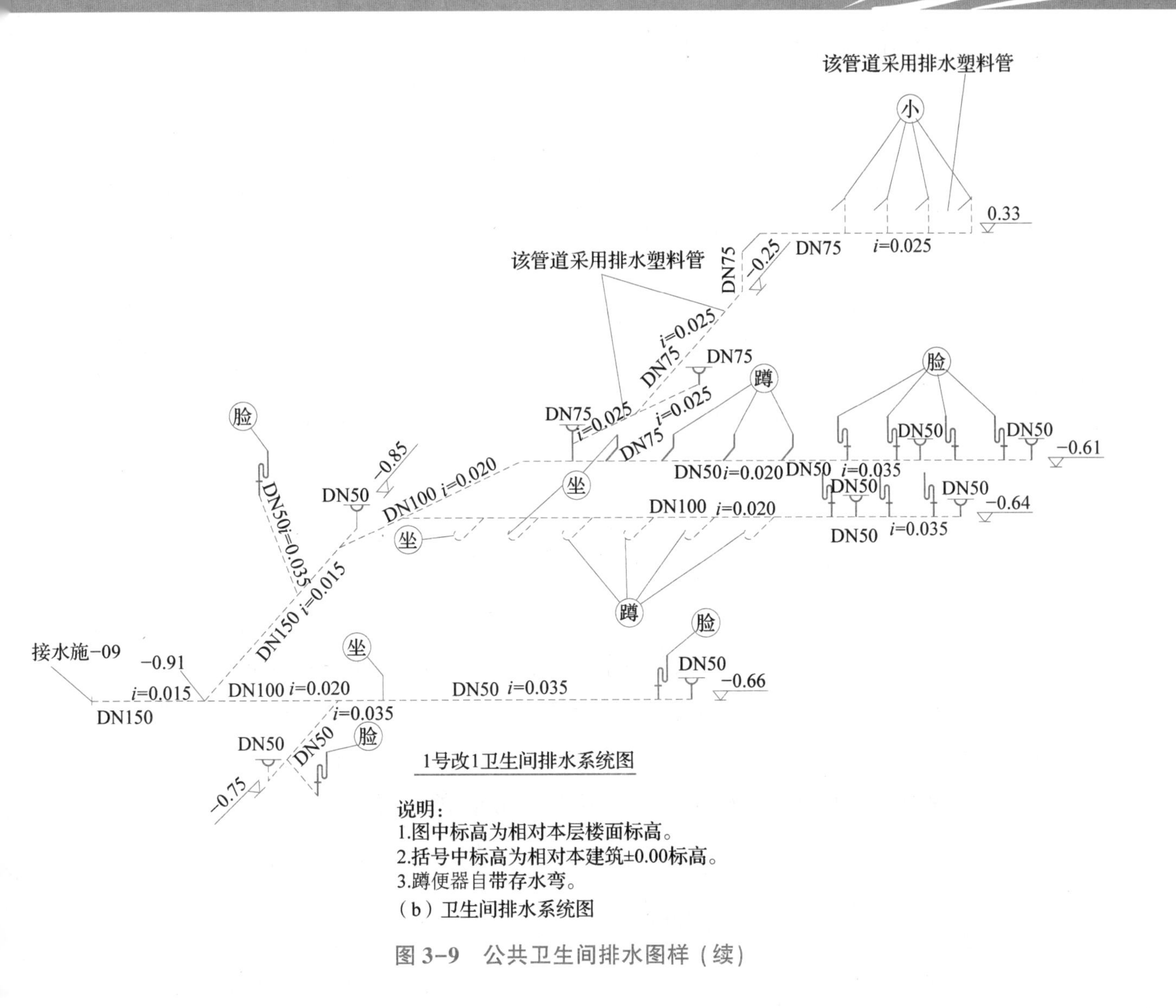

图 3-9 公共卫生间排水图样（续）

不同设计单位在绘制图样时，可能会用不同的图例表达相同的内容，公共建筑的地漏和清扫口图例，如表 3-1 所示。

表 3-1 公共建筑的地漏和清扫口图例

名称	图例	名称	图例
生活排水管	- - - - - - - -	坐便器	坐
蹲式大便器	蹲	地漏	
洗脸盆	脸	清扫口	
小便器	小		

从图 3-9 所示的排水平面图和排水系统图可以看出：

1）由图 3-9（a）可知有 2 个卫生间，上方卫生间有 5 个小便器、1 个坐便器、3 个蹲便器、4 个洗脸盆，女卫生间有 1 个坐便器、4 个蹲便器，3 个洗脸盆，母婴室中有 1 个坐便器、1 个洗脸盆，盥洗间有 1 个洗脸盆。各卫生器具安装有排水管，2 个卫生间中的 3 个排水支路汇合成 1 根干管，卫生间内设有清扫口和地漏，位于洗脸盆和坐便器附近，盥洗间和母婴室内设有地漏。

2）由图 3-9（b）可知，小便器的管径为 DN75，坡度为 0.025，起点标高为 0.330m，排水横管在 15 轴附近返至楼板下 0.25m，坐便器的管径为 DN100，坡度为 0.020，洗脸盆管径为 DN50，坡度为 0.035，最后 3 支横干管接至图别为水施，图号为 09 的图样中。

3.3 识读屋面雨水施工图

屋面雨水系统按照管道的设置位置不同，可分为外排水系统和内排水系统。

1）外排水系统指的是建筑物内部没有雨水管道的雨水排水系统。雨水降落到屋面上，屋面雨水汇集到屋顶的檐沟或天沟内，经过设置在墙外的雨水立管排至室外，如图 3-10 所示。外排水系统一般适用于屋面面积较小、长度不超过 100m 的建筑物。

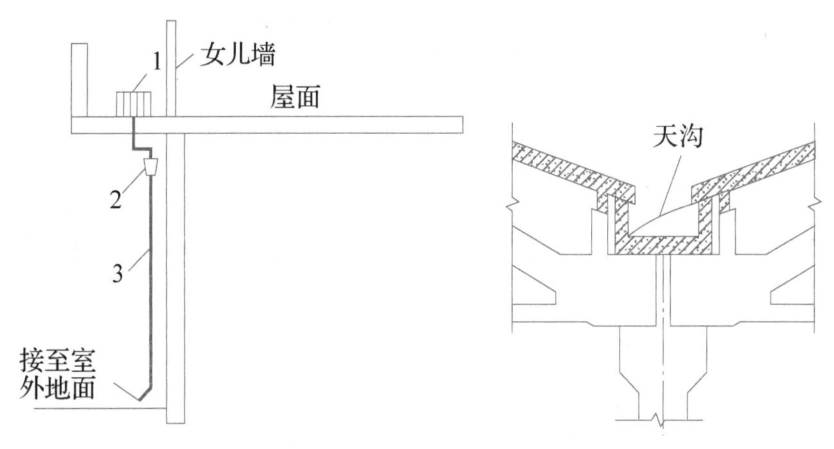

图 3-10 外排水系统

1—雨水斗；2—承雨斗；3—雨水立管

2）内排水系统指的是屋面设有雨水斗，建筑物内部设有雨水管道的雨水排水系统。其一般适用于屋面设置天沟有困难或不适宜在室外设置雨水立管的情况。内排水系统由雨水斗、连接管、悬吊管、雨水立管、排出管和检查井组成，如图 3-11 所示。

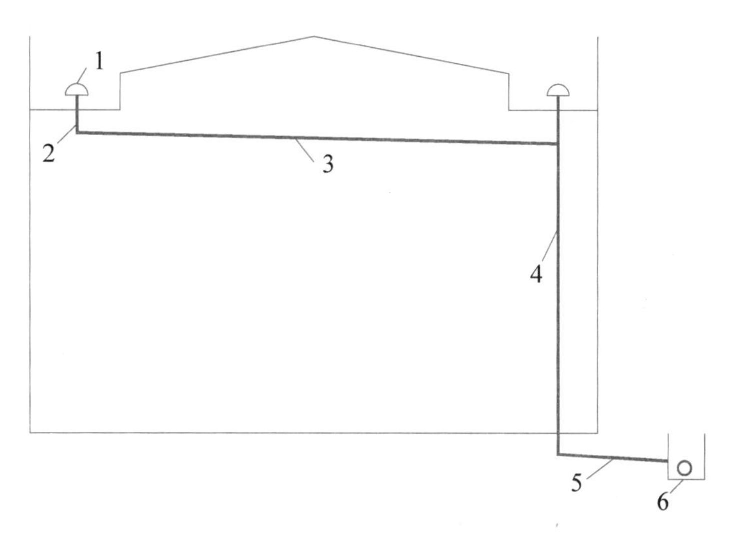

图 3-11 内排水系统

1—雨水斗；2—连接管；3—悬吊管；4—雨水立管；5—排出管；6—检查井

①雨水斗是整个雨水管道系统的进水口，是一种雨水专用装置，主要作用是收集屋面上的雨、雪水；平稳水流，以减少系统的掺气；同时，具有拦截较大杂物的作用。目前，常用的雨水斗为 87 型雨水斗、虹吸式雨水斗等。

②连接管是连接雨水斗和悬吊管的短管，最小管径为 100mm，下段与悬吊管用 45°斜三通连接。

③悬吊管是悬吊在屋架梁下的雨水横管，悬吊管中心线与雨水斗出口的高差宜大于 1.0m，以避免造成屋面积水溢流，发生事故。重力流屋面雨水系统悬吊管管径不得小于雨水斗连接管的管径。重力流雨水排水系统中长度大于 15m 的雨水悬吊管，应在便于维修操作处设检查口；重力流屋面雨水系统的悬吊管应按非满流设计，充满度不宜大于 0.8。对于一些重要的厂房，不允许室内地面冒水。不能设置埋地横管时，必须设置悬吊管。悬吊管与立管用 45°三通或 45°四通和 90°斜三通或 90°斜四通连接。

④雨水立管用来接纳雨水斗或悬吊管的雨水，与排出管连接。为避免只有 1 根排水立管，其发生故障时致使屋面排水系统瘫痪的情况出现，屋面排水立管不得少于 2 根，重力流屋面雨水排水系统中，立管管径不得小于悬吊管管径。

⑤排出管是用来连接立管和室外检查井的，其将立管的雨水输送到室外管网中。雨水排出管设计时，要留有一定的余地。

⑥检查井设在与埋地排出管连接处、管道转弯处，为防止检查井冒水，检查井深度不得小于 0.7m。检查井内接管应采用管顶平接，而且平面上水流转角不得小于 135°。

1. 雨水施工图的识读

以某住宅内排水部分雨水系统为例，进行图样的识读（图 3-12）。表 3-2 为该住宅雨水排水系统图例。

表 3-2 雨水排水系统图例

名称	图例
雨水管道、立管	Y1
雨水斗	

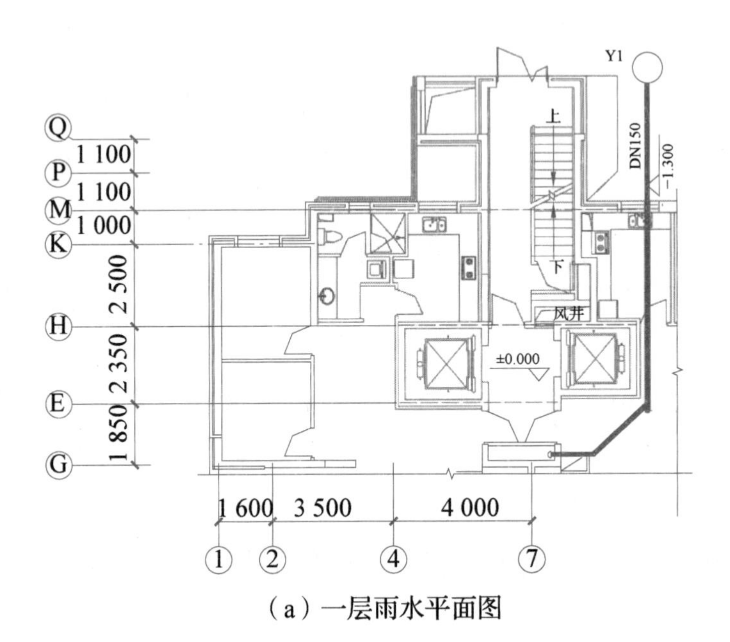

（a）一层雨水平面图

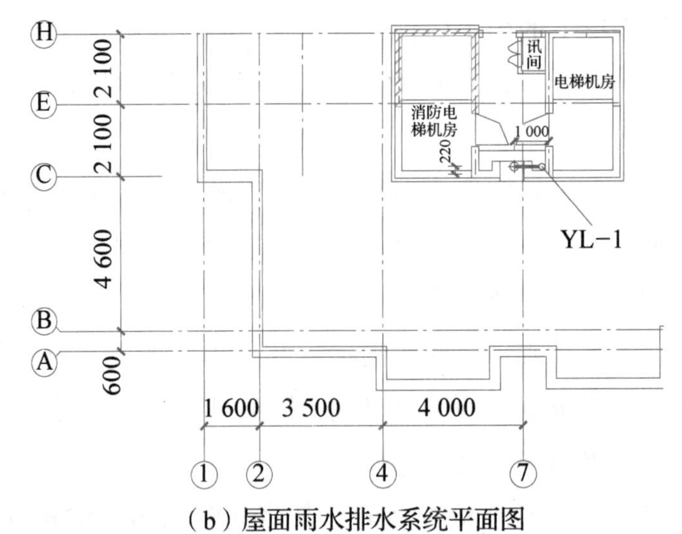

（b）屋面雨水排水系统平面图

图 3-12 内排水系统

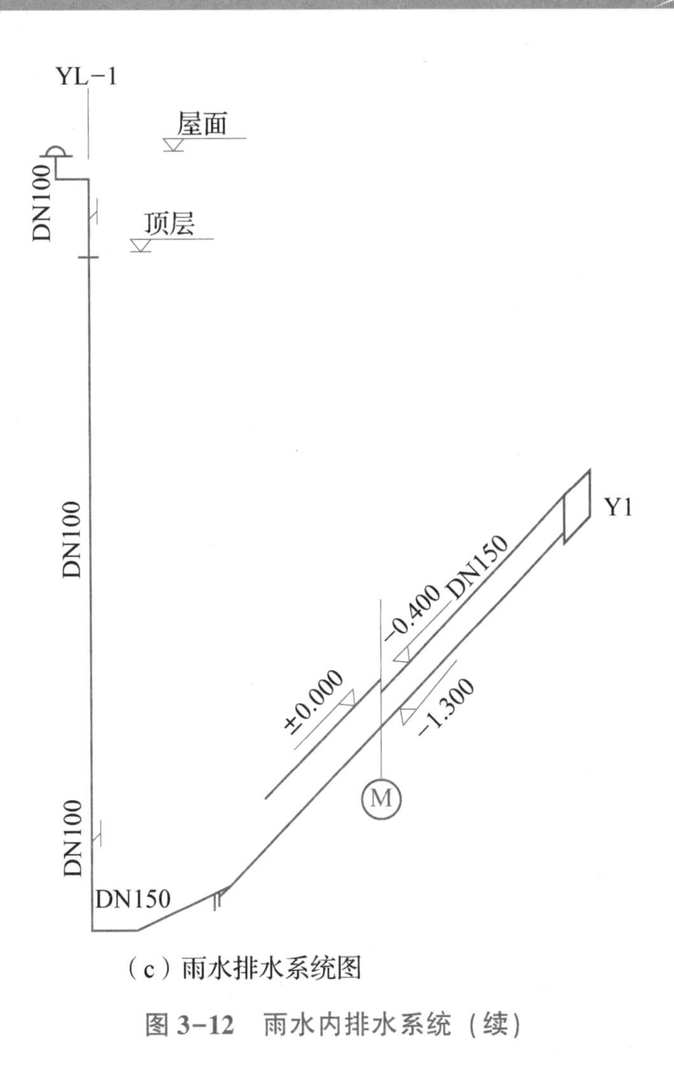

（c）雨水排水系统图

图 3-12 雨水内排水系统（续）

1）屋面在 C 轴和 7 轴交汇处附近设置 1 个雨水斗，通过连接管排入 YL-1 雨水立管中，后经排出管穿越 M 轴处的外墙排至雨水检查井中。

2）顶层和一层设置立管检查口，排出管设置清扫装置，室内标高为±0.000，室内外高差为 0.400m，室外雨水管埋深为-1.300m。

3）连接管管径为 DN100，雨水立管管径为 DN100，排出管管径为 DN150。

3.4 识读高层建筑排水施工图

高层建筑的特点是建筑高度大、层数多、面积大、设备复杂、功能完善、使用人数较多，这就对建筑排水的设计、施工、材料及管理方面提出了更高的要求。

1. 高层建筑排水的特点和分类

多层建筑物一般采用伸顶通气管，而10层及10层以上高层建筑卫生间的生活污水立管需要设置通气立管。由于高层建筑层数多、楼层高，卫生器具多，多支横管与一根排水立管相连接，会瞬时产生比较大的流量，排水短时间充满整个断面，横管压力增加，迫使管内气体压力剧烈波动，导致水封破坏。为了维持排水系统的正常运行，高层建筑排水系统必须解决通气问题，使排水流畅。

建筑排水一般分为单立管排水系统和双立管排水系统，如图3-13所示。

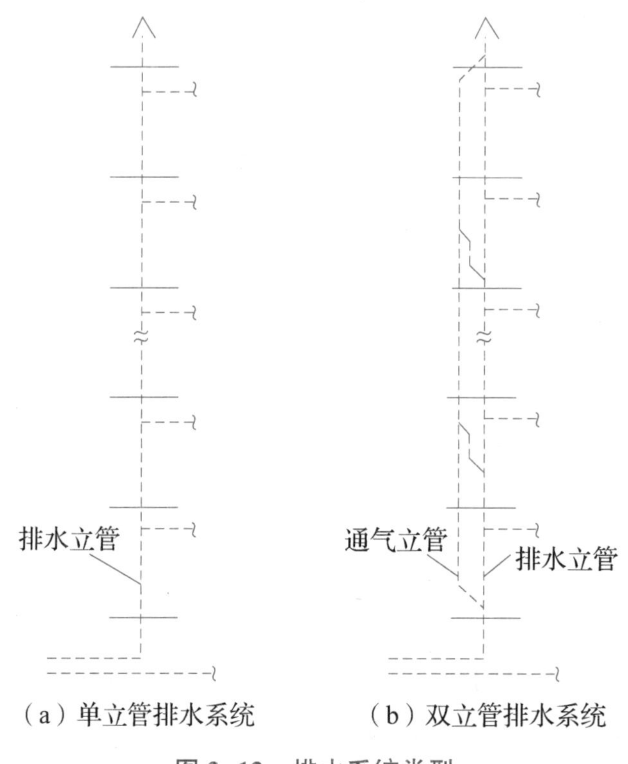

图3-13 排水系统类型

1）单立管排水系统中，建筑管网排水由一根管道实现，单管实现排水和通气，一般适用于多层建筑。

2）双立管排水系统中，建筑排水由两根管道实现，一根用来排水，一根专门用来通气（又称通气立管）。一般适用于不小于10层的高层和超高层建筑。

通气管的目的是排出有害气体，平衡管内的压力，降低噪声，使得排水通畅（图3-14）。

1）伸顶通气管，指排水立管与最上层横支管连接处向上垂直延伸至室外通气用的管道。

2）专用通气立管，指仅与排水立管连接，为排水立管内空气流通而设置的垂直通气管道。

3）结合通气管，指排水立管与通气立管的连接管段。

4）主通气立管，用于连接环形通气管和排水立管，作用是使排水横支管和排水立管内的

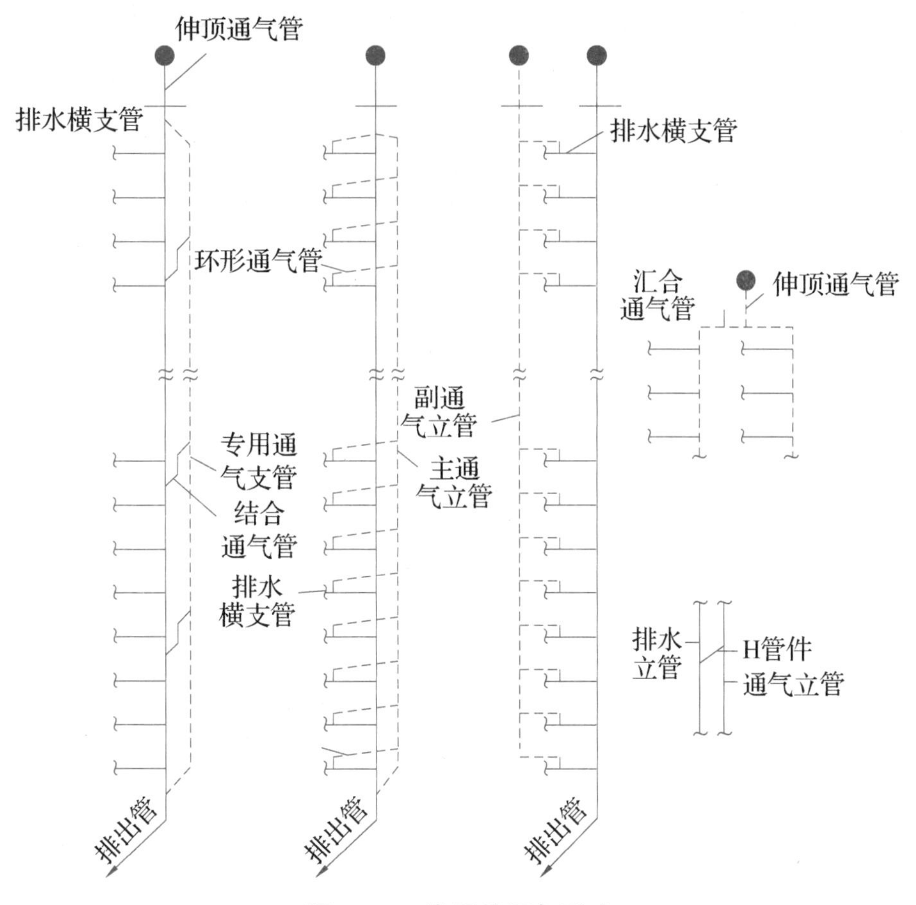

图 3-14 常见的通气形式

空气流通。

5）汇合通气管，指连接数根通气立管或排水立管顶端通气的部分。

6）环形通气管，指设置在多个卫生器具的排水横管上，从最始端的两个卫生器具之间接出至主通气立管或者副通气立管的管段。

7）副通气立管，仅与环形通气管连接，目的是使得排水横支管内空气流通。

8）H 管件，指连接排水立管与通气立管的形状如“H”的专用管件。

2. 同层排水

传统排水管道是将排水横管布置在其下一层的顶板之下，卫生器具需要穿越楼板与排水横管连接，而当卫生间的卫生器具排水管要求不穿越楼板进入他户或排水管道布置受规定条件限制时，传统排水已经不能满足要求，需要设置同层排水。

（1）同层排水的特点

同层排水是将排水横管敷设在排水层或排水管不穿越楼层的一种排水方式，如图 3-15 所示。同层排水和传统排水有所区别，同层排水的排水管道与卫生器具同层敷设，排入排水立管，其具有以下优点：

1）由于排水管道在本层敷设，不需要穿越楼板，楼板处也没有卫生器具的排水管道预留孔，减少了管道漏水的概率。管道的维修工作也不会干扰下层用户，不占用下层吊顶空间。

2）排水管道敷设在本层，回填后有很好的隔声效果，有效降低了排水的噪声。但是，同层排水的卫生间结构楼板需要下沉（局部）300mm 作为管道敷设的空间，同层排水的形式应根据卫生间、卫生器具布置等因素，经技术经济比较确定。

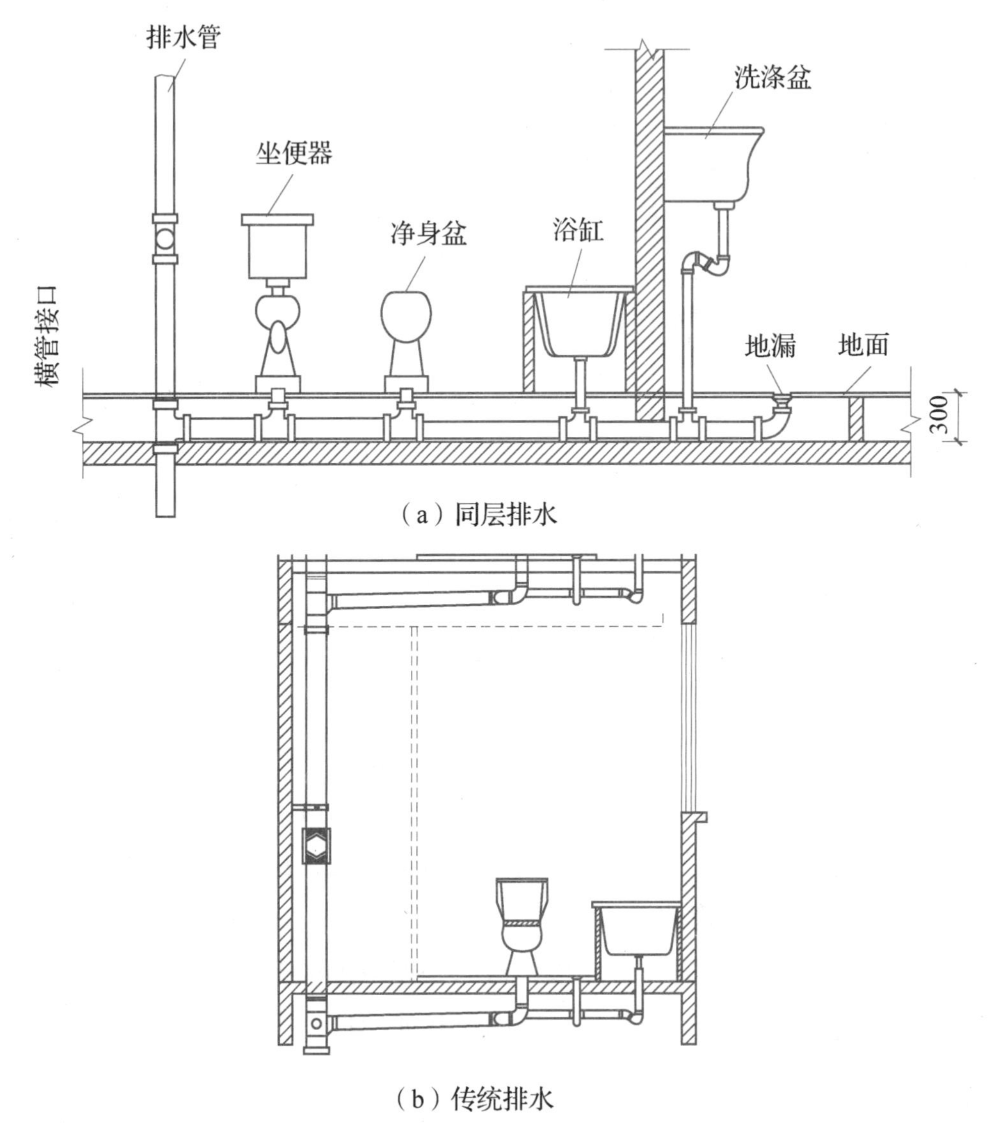

（a）同层排水

（b）传统排水

图 3-15　同层排水和传统排水

（2）同层排水的注意事项

排水通畅是同层排水的核心，排水管道的坡度要符合相关要求，不得为了减小降板高度而缩小排水横管的管径和坡度。

同层排水管道不能采用橡胶圈密封接口，而应采用粘接连接，避免渗漏。

卫生间地坪应采取可靠的防渗漏措施。如处理不当，降板的填层会造成污染。图 3-16 为某卫生间同层排水图。

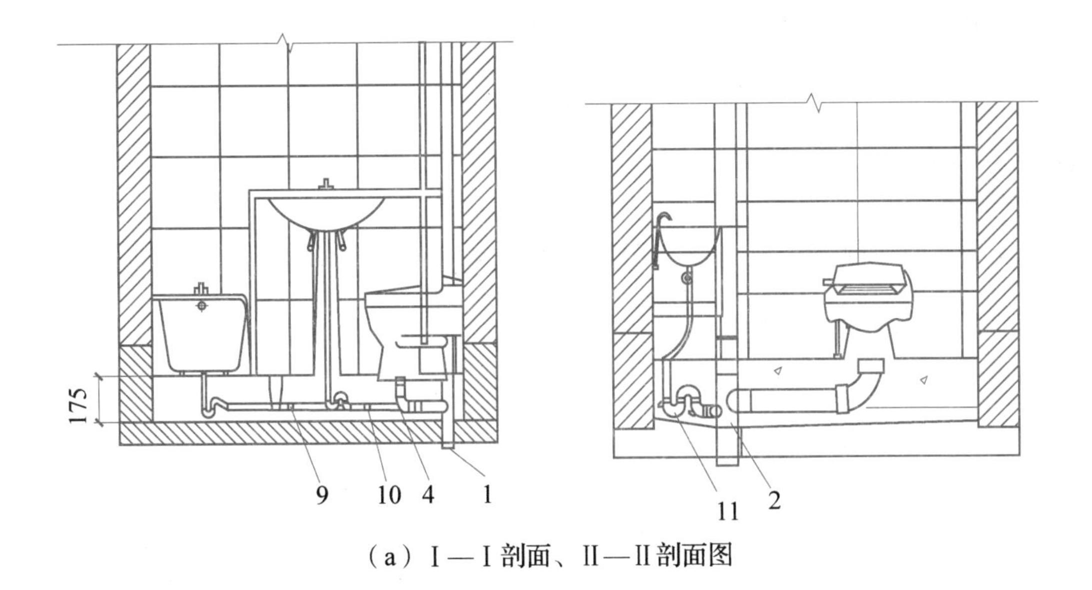

（a）Ⅰ—Ⅰ剖面、Ⅱ—Ⅱ剖面图

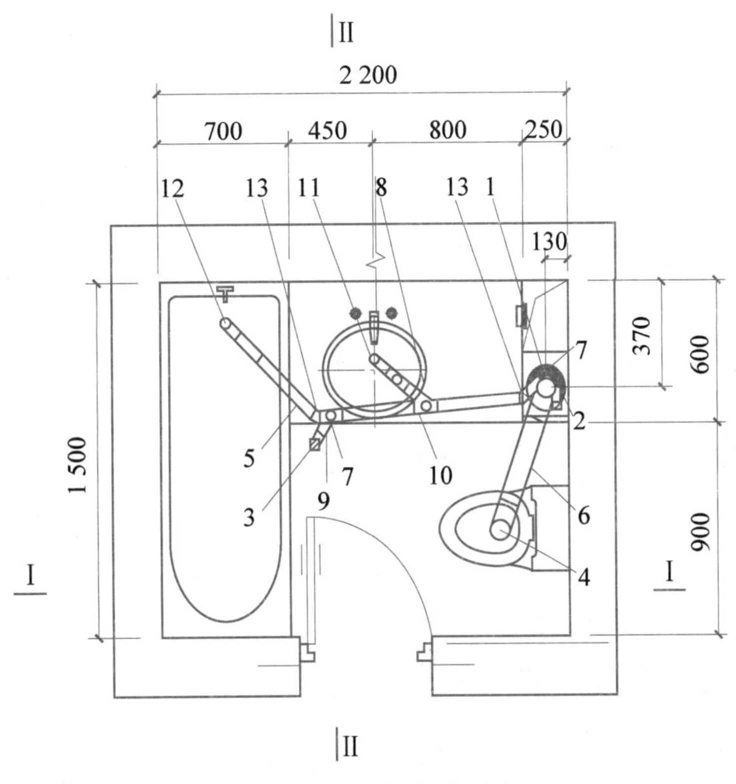

（b）卫生间排水平面图

图 3-16 卫生间同层排水图

1—积水排除装置；2—多通道接头；3—多功能地漏；4—坐便接入器；5、6—支管；7—堵头；8—清扫口（排水预留接口）；9、10—顺水三通；11、12—存水弯；13—弯头

此卫生间内设有浴盆、洗脸盆、坐便器，右上方为排烟风道和排水立管，排水横管敷设在本层。为了排除地面积水，同层排水采用多功能地漏，地漏应设置在洗脸盆和浴盆附近，既要满足水封深度又要有良好的水力自清流速。排水支管与横管连接采用顺水三通，排水管

道连接方式为粘接。

案例分析

下面以某高层酒店排水图（图 3-17）来介绍识读高层建筑排水施工图的方法。

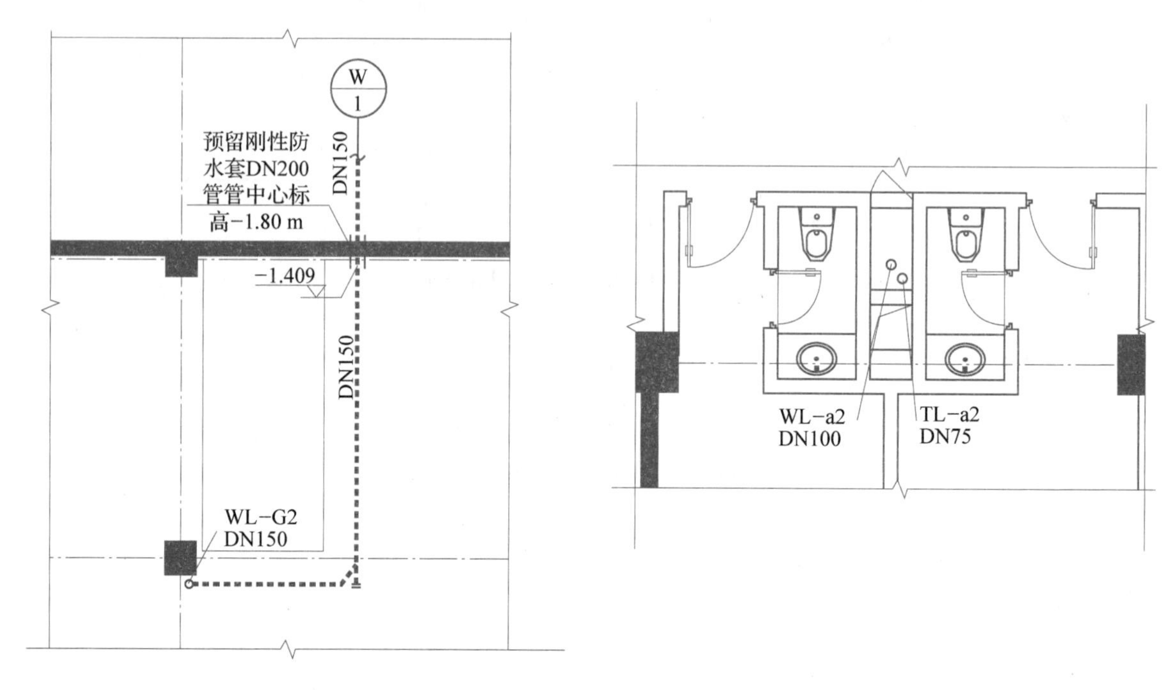

（a）1层/标准层排水平面度

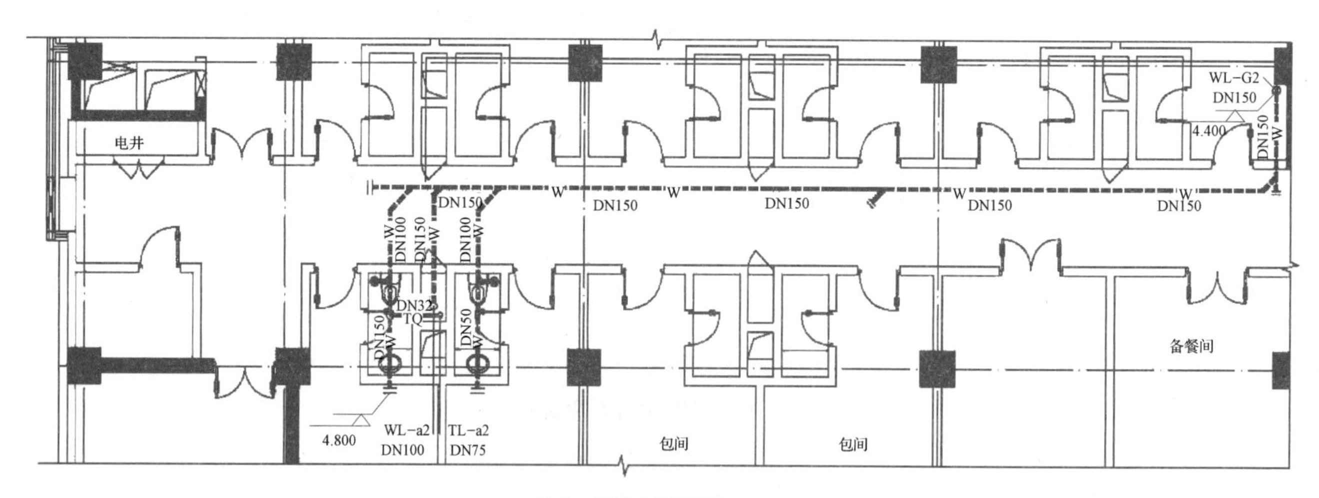

（b）2层排水平面图

图 3-17 某高层酒店排水图

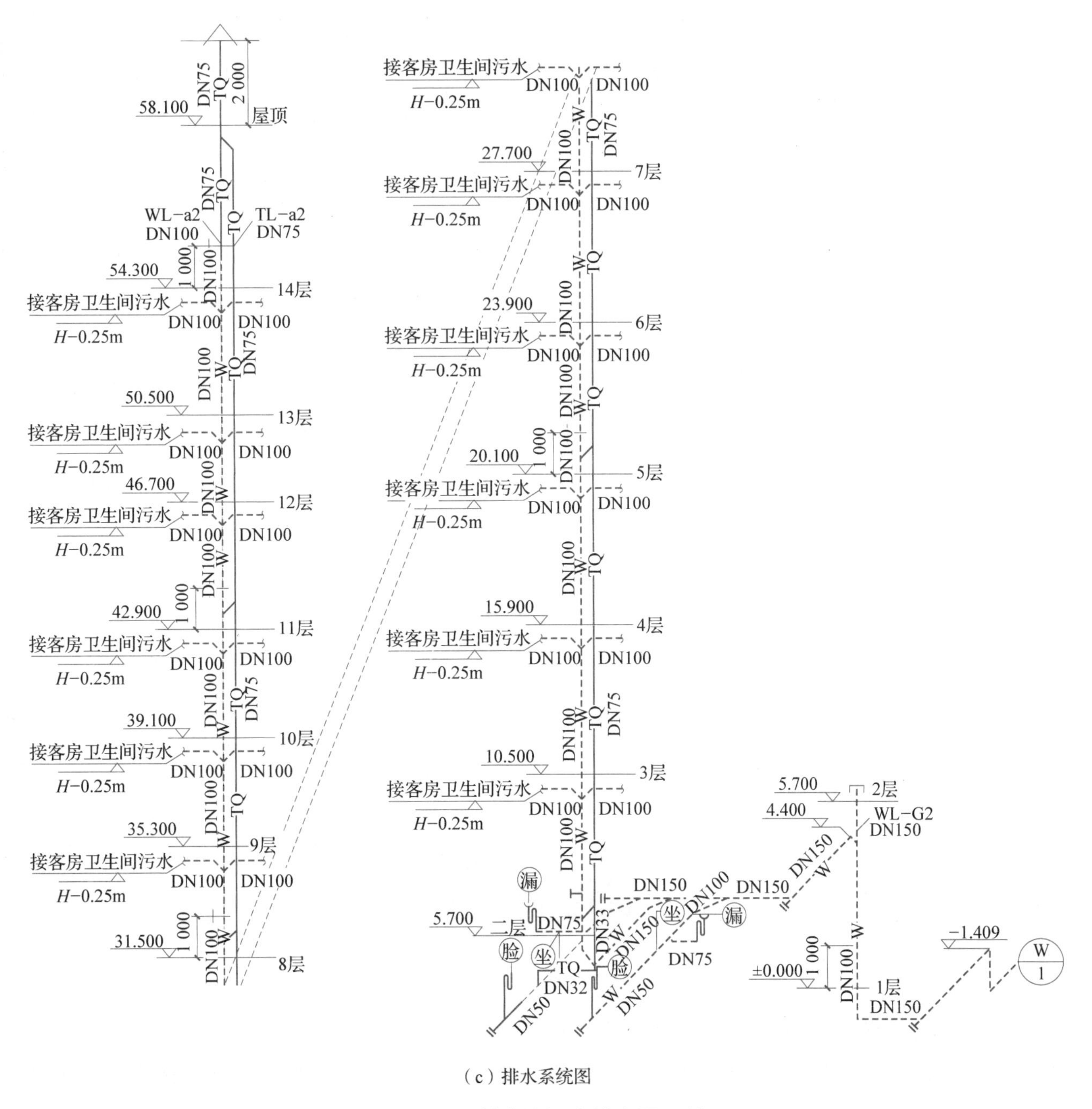

（c）排水系统图

图 3-17 某高层酒店排水图（续）

通气管的连接及其他设置要求：

通气管高出屋面不得小于 0.3m，且应大于最大覆雪厚度，通气管顶端应装设风帽。在经常有人停留的平屋面上，通气管口应高出屋面 2m。

通气立管不得接纳器具污水、废水和雨水，只能作通气用。如果接纳其他排水，会减小通气断面，对排水管道造成压力波动。

专用通气立管的上端可在最高层卫生器具上边缘以上不小于 0.15m 或检查口以上与排水立管通气部分以斜三通连接，下端应在最低排水横支管以下与排水立管以斜三通连接。

在横支管上设环形通气管时，应在其最始端的两个卫生器具之间接出，并应在排水支管中心线以上与排水支管呈垂直或45°连接。

1）由系统图3-17（c）可知，此建筑为10层以上建筑物，设有专用通气立管，此屋面经常有人停留，通气帽高于屋面2m，2层以上卫生间的排水横支管管径均为DN100，均排入管径为DN100的WL-a2立管。TL-a2通气立管管径为DN75，因为横支管长度较长，且酒店对卫生、噪声的要求较高，所以通气立管底部与横支管上洗脸盆和坐便器之间的管道连接。

2）由图3-17（b）可知，2层卫生间排水为单独排放至室外，上层排水立管WL-a2和2层卫生间排水支管汇合至1层顶棚敷设的横干管，横干管管径为DN150，并转到右上侧柱子附近的WL-G2排水立管。

3）由图3-17（a）可知，WL-G2排水立管在穿越外墙处，从标高为-1.409m下返至-1.80m的预留刚性套管，通过排出管排至室外检查井。

4）立管检查口距离地面高度为1.0m，2层以上的卫生间污水支管为该层地面以下0.25m，通气立管和污水立管之间用H管件连接。

单元小结

本项目主要介绍了建筑排水平面图、建筑排水系统图、屋面雨水施工图、高层建筑排水施工图的内容及识读技巧，并配备相应的案例进行解说。为学生在学习给水排水相关知识技能打下一个良好的基础。

学习评价

1. 自我评价

（1）对建筑排水平面图是否有一定了解并能快速解读相关信息？

（2）是否了解建筑排水系统图所包含的信息及所传达的意思并能够准确用语言表述出来？

（3）是否了解屋面雨水施工图、高层建筑排水施工图的形成与内容及各种标准符号所传达的信息？

2. 学习任务评价表

学习任务评价表如表3-3所示。

表 3-3　学习任务评价表

考核项目	分数			学生自评	组长评价	教师评价	小计
	差	中	好				
团队合作精神	6	13	20				
建筑排水平面图识图能力	6	13	20				
建筑排水系统图识图能力	6	13	20				
屋面雨水施工图识图能力	6	13	20				
高层建筑排水施工图识图能力	6	13	20				
总分	100						
教师签字：				年　月　日		得分	

复习思考题

1. 建筑排水系统由哪些图构成？
2. 建筑排水系统图的识读方法？
3. 屋面雨水排水系统的分类和组成有哪些？
4. 高层建筑排水的特点是什么？

单元 4

识读建筑消防给水施工图

单元导读

建筑消防给水系统是将室内设有的消防给水系统提供水量用于扑灭建筑物火灾而设置的固定灭火设备。以水作为灭火剂的消防给水系统可分为消火栓给水系统和自动喷淋系统。

学习目标

1. 理解并掌握消防给水施工图的内容、看图的方法和步骤。

2. 熟悉室内消火栓系统的组成及常用给水系统。

3. 熟悉室内自动喷水灭火系统的分类与组成。

4. 了解室内火灾自动报警系统。

5. 掌握消防给水施工图的识图方法与技巧，理论结合实践掌握基本要领，为后期制图做好理论铺垫。

6. 通过一些消防视频，展示出日常生活中常见的消防设备，提升同学们学习的熟悉程度与学习热度。

思维导图

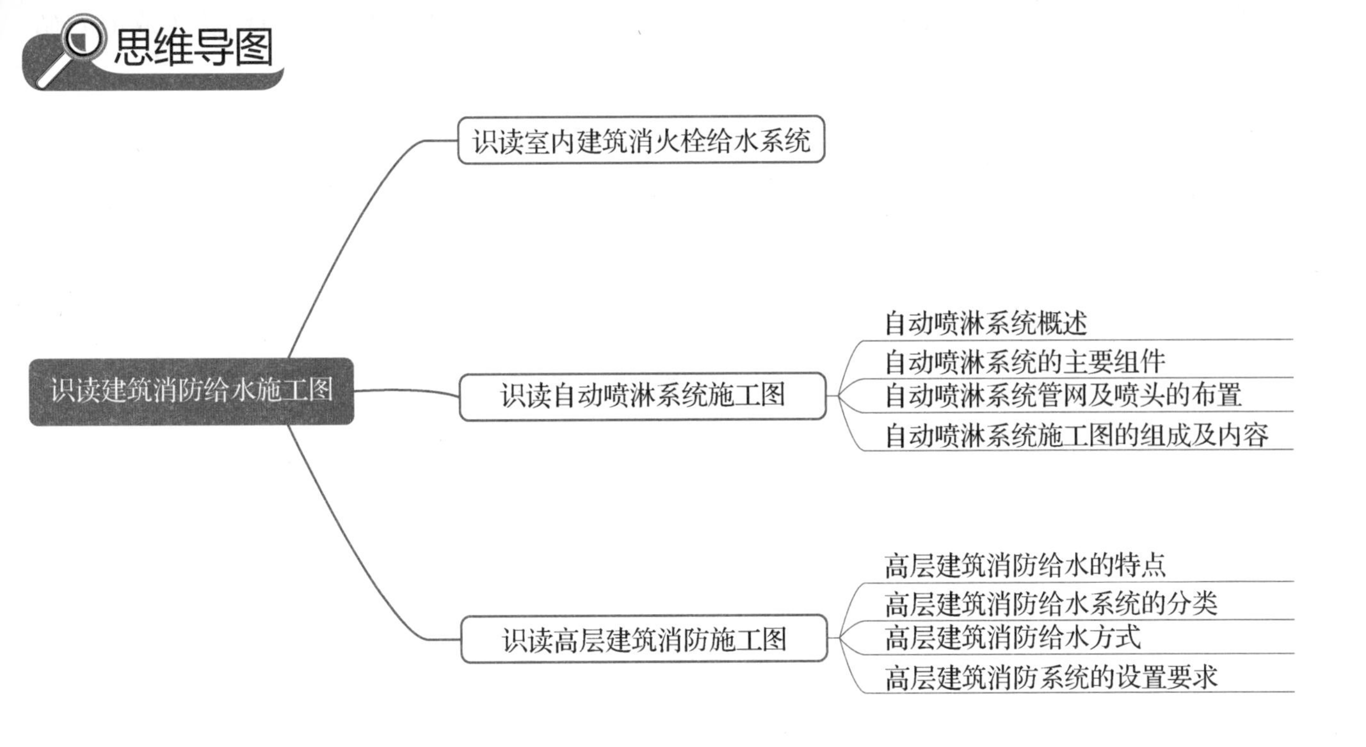

4.1 识读室内建筑消火栓给水系统

室内建筑消火栓给水系统就是通过管网系统，将室外消防给水系统提供的水量加压后，输送到建筑内部各个固定灭火设备——消火栓。消火栓灭火系统是各类建筑中，尤其是民用建筑中最基本的灭火方式。

1. 室内建筑消火栓给水系统的分类

根据给水系统的压力和流量情况，室内建筑消火栓给水系统分为以下3种类型。

(1) 常高压消火栓系统

常高压消火栓系统主要指系统处于高压状态，水压和流量随时都能满足喷水灭火要求，给水系统中不需要设消防泵。

(2) 临时高压消火栓系统

给水系统平时的水压和流量不完全满足灭火需要，火灾报警后，一般10min内启动消防泵，迅速增压，供给高压消防用水；当用稳压泵稳压时可满足压力，但不满足水量；当用屋顶消防水箱给水系统稳压时，建筑物的下部可满足压力和流量要求，建筑物的上部不满足压力和流量要求。

(3) 低压消火栓系统

平时系统中水压较低、管道的压力应保证灭火时最不利点消火栓的水压不小于0.1MPa

（从地面算起），满足或部分满足消防水压和水量要求；灭火时需要的水压由消防车或消防循环泵提供。

2. 室内建筑消火栓给水系统的组成

室内建筑消火栓给水系统一般由水枪、水带、室内消火栓、消防管道、消防水池和水源等组成。必要时，还需设置水箱、增压设备、水泵接合器等，即包括从供水水源一直到消防枪出水整个过程中的各种设备，如图 4-1 所示。

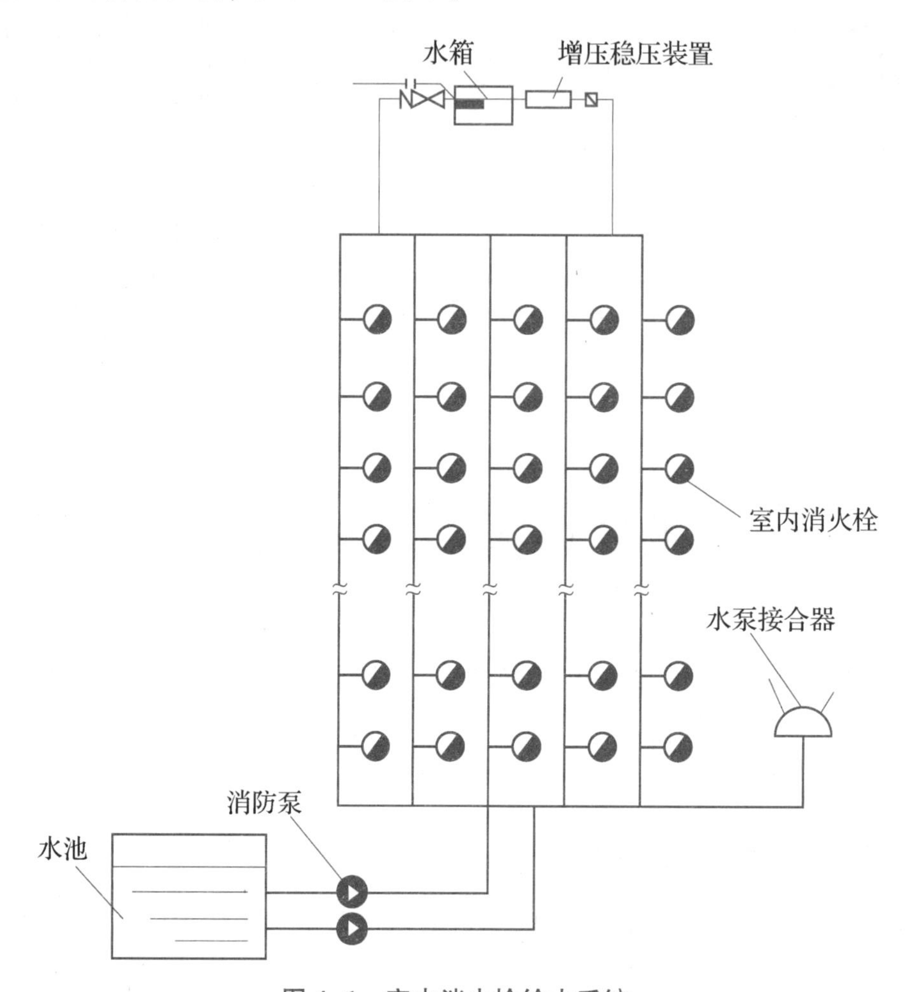

图 4-1 室内消火栓给水系统

（1）消火栓设备

消火栓设备由水枪、水带、消火栓组成，均安装在消火栓箱内，如图 4-2 所示。水枪是主要的灭火工具，一般采用直流式，喷嘴口径有 13mm、16mm、19mm 共 3 种。水带可分为麻质水带、帆布水带和衬胶水带；口径有 DN50 和 DN65 两种；长度有 15m、20m、25m 共 3 种。

图 4-2　消火栓箱

水枪与水带的口径应相互配合。喷嘴口径为 13mm 的水枪配 DN50 的水带，一般用于低层建筑；喷嘴口径为 16mm 的水枪配 DN50 和 DN65 的水带，一般用于低层建筑；喷嘴口径为 19mm 的水枪配 DN65 的水带，一般用于高层建筑。

室内建筑消火栓是设置在建筑物内消防管网上的室内消火栓内扣式球形阀式接口，发生火灾时用来连接水带和水枪，向火场供水。水带与消火栓栓口的口径应完全一致。室内建筑消火栓有单阀和双阀两种，单阀消火栓又分为单出口和双出口，双阀消火栓为双出口。栓口直径有 DN50 和 DN65 两种：DN50 用于流量为 2. 5～5. 0L/s 的水枪；DN65 用于最小流量为 5. 0L/s 的水枪。

（2）给水管网

室内消火栓给水管网系统由引入管、消防干管、消防立管及相应阀门等管道配件组成。引入管与室外给水管连接，将水引入室内消防系统。高层建筑应设置独立的消火栓给水管道系统；低层或多层建筑的室内消防管道可以独立设置，也可以与生活或生产用水系统合用，具体的系统设置应根据建筑物性质、使用功能、建筑标准等实际情况，经由技术经济比较后确定。

（3）屋顶消火栓

屋顶消火栓即试验用消火栓，是在对消火栓给水系统进行检查和试验时使用的，以确保室内消火栓系统随时都能正常运行。

（4）水泵接合器

除通过固定管道从水源处向室内消防给水系统供水外，当发生火灾而室内消防用水量不足或消防水泵不能正常工作时，可由消防车从外部向消防给水系统加压供水。水泵接合器就是消防车向室内消防给水系统加压供水的入口装置，一端由消防给水管网水平干管引出，另一端设于消防车易于接近的地方。水泵接合器有地下式、地上式、墙壁式和多用式 4 种，一般多采用地上式或墙壁式。设置地下式水泵接合器和墙壁式消防水泵接合器时，应有明显的标志，阀门位置应便于操作，接合器附近不得有障碍物。不同种类水泵接合器的比较如表 4-1 所示。

表 4-1 不同种类的水泵接合器比较

名称	图示	优缺点	适用范围
地上式水泵接合器	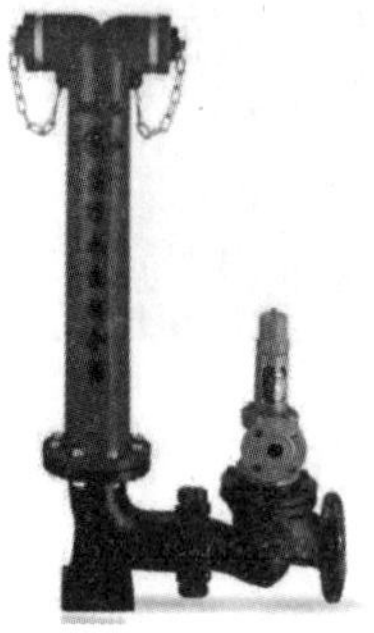	目标明显，使用方便，但不利于防冻，不美观	一般情况下采用
地下式水泵接合器		利于防冻，但是不利于使用，目标不明显	寒冷地区和有美观要求的区域
墙壁式水泵接合器		有装饰作用，但难以保证与建筑外墙的距离	一般情况下采用
多用式水泵接合器		除继承了原传统产品各方面的性能外，还具有体积小巧、外表美观、结构合理、维修方便等优点，是老产品升级换代后的新品种	一般情况下采用

（5）消防水池

消防水池用于储存火灾持续时间内的室内消防用水量。当市政给水管网或室外天然水源不能满足室内消防用水量要求时，需设置消防水池。消防水池可设置在室外地下或地上，室内设有游泳池或水景水池时，可以兼作消防水池使用。

（6）消防水箱

消防水箱一般储存 10min 的消防用水量，用来满足扑救初期火灾的用水量和水压要求。对于不能经常性保证设计消防水量和水压要求的建筑物，应设置消防水箱或气压水罐。为确保消防水箱在任何情况下都能自动供水的可靠性，消防水箱一般设置在建筑物顶部，采用重力自流的供水方式。

3. 消火栓给水系统设置原则

按照我国现行标准《建筑设计防火规范（2018 年版）》（GB 50016—2014）的规定：

1）应设置室内消火栓给水系统的建筑或场所如下：

①建筑占地面积大于 $300m^2$ 的厂房和仓库。

②高层公共建筑和建筑高度大于 21m 的住宅建筑。

③体积大于 $5000m^3$ 的车站、码头、机场的候车（船、机）建筑、展览建筑、商店建筑、旅馆建筑、医疗建筑、老年人照料设施和图书馆建筑等单、多层建筑。

④特等、甲等剧场，超过 800 个座位的其他等级剧场和电影院等，以及超过 1200 个座位的礼堂、体育馆等单、多层建筑。

⑤建筑高度大于 15m 或体积大于 $10000m^3$ 的办公建筑、教学建筑和其他单、多层民用建筑。所规定的室内消火栓系统的设置范围，在实际设计中不应仅限于这些建筑或场所，还应按照有关专项标准的要求确定。对于在本条规定规模以下的建筑或场所，可根据各地实际情况确定设置与否。对于 27m 以下的住宅建筑，主要采取加强被动防火措施和依靠外部扑救来防止火势扩大和灭火。住宅建筑的室内消火栓可以根据地区气候、水源等情况设置干式消防竖管或湿式室内消火栓系统。

2）可不设置室内消防给水系统，但宜设置消防软管卷盘或轻便消防水龙的建筑或场所如下：

①耐火等级为一、二级且可燃物较少的单、多层丁、戊类厂房（仓库）。

②耐火等级为三、四级且建筑体积不大于 $3000m^3$ 的丁类厂房；耐火等级为三、四级且建筑体积不大于 $5000m^3$ 的戊类厂房（仓库）。

③粮食仓库、金库、远离城镇且无人值班的独立建筑。

④存有与水接触能引起燃烧爆炸物品的建筑。

⑤室内无生产、生活给水管道，室外消防用水取自储水池且建筑体积不大于 $5000m^3$ 的其他建筑。

3）国家级文物保护单位的重点砖木或木结构的古建筑，宜设置室内消火栓系统。对于不能设置室内消火栓的，应采取如防火喷涂保护，严格控制用电、用火等其他防火措施。

4）人员密集的公共建筑、建筑高度大于 100m 的建筑和建筑面积大于 $200m^2$ 的商业服务网点内应设置消防软管卷盘或轻便消防水龙。高层住宅建筑的户内宜配置轻便消防水龙。有些建筑除设有消火栓系统外，还增设了轻便消防水龙和消防软管卷盘。

4. 消火栓给水系统布置要求

（1）室内消防给水管道的设置

1）室内消火栓超过10个且室外消防用水量大于15L/s时，其消防给水管道应连成环状，且应有不少于两条进水管与室外管网或消防循环泵连接，以便当其中一条进水管发生事故时，其余进水管仍能供应全部消防用水量。

2）高层厂房（仓库）应设置独立的消防给水系统，室内消防竖管应连成环状。

3）室内消防竖管的直径应不小于DN100。

4）室内消火栓给水管网宜与自动喷淋系统的管网分开设置，当合用消防泵时，供水管路应在报警阀前分开设置。

5）室内消防给水管道应利用阀门将其分成若干独立段。对于单层厂房（仓库）和公共建筑，检修停止使用的消火栓应不超过5个。对于多层民用建筑和其他厂房（仓库）室内消防给水管道上阀门的布置，应保证检修管道时关闭的竖管不超过1根，但设置的竖管超过3根时，可关闭2根。阀门应保持常开，并应有明显的启闭标志或信号。

6）消防用水与其他用水合用的室内管道，当其他用水达到最大流量时，应仍能保证供应全部消防用水量。

7）允许直接吸水的市政给水管网，当生产、生活用水量达到最大且仍能满足室内外消防用水量时，消防泵宜直接从市政给水管网吸水。

8）严寒和寒冷地区非采暖的厂房（仓库）等建筑的室内消火栓系统，可采用干式系统，但应在进水管上设置快速启闭装置，且管道最高处应设置自动排气阀。

（2）消火栓的布置要求

1）除无可燃物的设备层外，设置室内消火栓的建筑物，其各层均应设置消火栓。单元式、塔式住宅的消火栓宜设置在楼梯间的首层和各楼层休息平台上。当设2根消防竖管确有困难时，可设1根消防竖管，但必须采用双口双阀型消火栓；干式消火栓竖管应在首层靠出口部位设置，以便消防车供水的快速接口和止回阀设置。

2）消防电梯间前室内应设置消火栓。

3）室内消火栓应设置在楼梯间、走道等明显和易于取用处及便于火灾扑救的地点；住宅和整体设有自动喷淋系统的建筑物，室内消火栓应设在楼梯间或楼梯间休息平台处；多功能厅等大空间的室内消火栓应设置在疏散门等便于取用和火灾扑救的位置；在楼梯间或其附近的消火栓位置不宜变动。

4）冷库内的消火栓应设置在常温穿堂或楼梯间内。

5）同一建筑物内应采用统一规格的消火栓、水枪和水带。每条水带的长度应不大于25m。

6）高层厂房（仓库）和高位消防水箱静压不能满足最不利点消火栓水压要求的其他建筑，应在每个室内消火栓处设置直接启动消防循环泵的按钮，并应有保护设施。

7）室内消火栓栓口处的出水压力大于0.5MPa时，水枪的后坐力使得消火栓难以操作，故需进行减压措施，减压有减压稳压消火栓和减压孔板两种方式，减压稳压消火栓可减动压和静压，减压孔板只可减动压。

8）当给水管网出现短时超压，导致系统不安全时，系统内应设置泄压装置，泄压阀的设置应按规定执行。

9）设有室内消火栓的建筑，如为平屋顶时，宜在平屋顶上设置试验和检查用的消火栓。

（3）消防水箱的设置

重力自流的消防水箱应设置在建筑的最高部位，一般设在水箱间，应通风良好并防冻，和墙壁之间应有合适间距，便于安装及维修。当室内消防用水量不大于25L/s，经计算消防水箱所需消防储水量大于12m^{3}时，消防水箱 仍可采用12m^3；当室内消防用水量大于25L/s，经计算消防水箱所需消防储水量大于18m^{3}时，消防水箱仍可采用18m^3。

进水管管径不小于50mm，同时应满足8h充水要求；进水管设置液位控制阀；进水管进水高度应高于溢流管位置，若为淹没出流，则应采取防倒流措施。出水管应满足设计流量要求，且管径应不小于100mm；出水管应设止回阀，防止消防加压水进入水箱，止回阀的阻力应不影响水箱出水的最低压力要求；出水管口应高于水箱底板50~100mm。回溢流管和放空管应间接排水。水箱所有与外界相通的孔洞及管道均须设有防虫设施。不推荐消防高位水箱与其他用水合用；若合用，则水箱应采取消防用水不作他用的技术措施。发生火灾后，由消防水泵供给的消防用水应不进入消防水箱，如果进入消防水箱，需要分区设置。

（4）消防水泵的设置

独立建造的消防水泵房其耐火等级应不低于二级。附设在建筑中的消防水泵房应按规范的规定与其他部位隔开。消防水泵房设置在首层时，其疏散门宜直通室外；设置在地下层或楼层上时，其疏散门应靠近安全出口。消防水泵房的门应采用甲级防火门。

消防水泵房应有不少于两条出水管直接与消防给水管网连接，当其中一条出水管关闭时，其余出水管应仍能通过全部用水量。一组消防水泵的吸水管不应少于两条。当其中一条关闭时，其余吸水管应仍能通过全部用水量；消防水泵应采用自灌式吸水，并应在吸水管上设置检修阀门。临时高压消防给水系统的消防泵应一用一备；当消防流量大于40L/s时，两用一备，备用泵的能力应不小于消防泵中最大一台的能力；当工厂仓库、堆场和储罐的室外消防用水量不大于25L/s或建筑物的室内消防用水量不大于10L/s时，可不设置备用泵；当采用多用一备时，应考虑多台消防泵并联时，因扬程不同、流量叠加而引起的对消防泵出口压力的影响。消防水泵应保证在接到火警后30s内启动；消防水泵与动力机械应直接连接。

（5）水泵接合器的设置

室内消火栓给水系统和自动喷淋系统应设水泵接合器。高层厂房（仓库）、设置室内消火栓且层数超过4层的厂房（仓库）、设置室内消火栓且层数超过5层的公共建筑，其室内消火栓给水系统应设置消防水泵接合器。水泵接合器的数量应按室内消防用水量计算确定。每个水泵接合器的流量应按10~15L/s计算。

消防给水为竖向分区供水时，在消防车供水压力范围内的分区，应分别设置水泵接合器。水泵接合器应设在室外便于消防车使用的地点，距室外消火栓或消防水池的距离宜为15~40m。

5. 室内消防给水施工图的组成

室内消防给水施工图主要包括图纸设计总说明（图纸目录、文字说明、图例等）、系统平面图、工程系统图和工程详图4个部分，其中有关电气控制信号的内容在相关电气工程图中绘制。

6. 消防给水施工图主要反映的内容

1）平面图反映建筑的平面式样，消火栓的平面位置，消防管道的平面走向，室外消防水源的接入点，消防水箱、消防水泵及其他主要消防控制设备的平面位置等内容。

2）系统图反映消防管道的空间关系、管径、消火栓的空间位置、标高等内容。

3）详图反映节点的详细构造做法。

案例分析

消火栓系统平面图一般包括设计说明、地下室消防平面图、一层消防平面图、标准层消防平面图和顶层消防平面图。下面以图4-3所示某多层住宅为例进行介绍。

1. 识读设计说明

设计说明是图样的重要组成部分，识读图样之前，应仔细阅读设计说明，这对后期识读图样有着重要的指导意义。

1）图纸目录可以让读者快速定位图纸。图纸目录一般在所有建筑消火栓施工图的最前面，但不编入图样的序号。目录中包括建设单位、项目名称、设计单位的设计号、页数、图样序号、图别、图号、图样名称、图纸规格、是否为新图等。

2）文字部分主要介绍了工程概况、设计范围、设计指导依据、消防系统及施工中的注意事项。

3）图例，如“XF-”为消防主管道，当建筑物的消防主管道数量多于1个时，用数字进行编号，便于识图；“XL-”为消防立管，当消防立管数量多于1个时，用“XL-阿拉伯数字”进行编号，如“XL-1”和“XL-2”分别代表第1根消防立管和第2根消防立管。

序号	版本	图别	图号	图纸名称	图幅	新图/修改图/补充图
1	1	水施	01	图纸目录	A4	新图
2	1	水施	02	设计说明	A1	新图
3	1	水施	03	地下室消防平面图	A1	新图
4	1	水施	04	一层消防平面图	A1	新图
5	1	水施	05	3~8层消防平面图	A1	新图

（a）图纸目录

给水设计说明（一）

一、设计依据

1. ××企业相关规范及标准、项目组提供的本工程设计任务书、市政外网资料和书面其他相关资料。

2. 建筑及相关专业提供的有关资料及要求。

3. 给水排水及消防有关的国家现行设计规范、规程。

主要规范如下：

（1）《消防给水及消火栓系统技术规范》GB 50974—2014。

（2）《自动喷水灭火系统设计规范》GB 50084—2017。

（3）《汽车库、修车库、停车场设计防火规范》GB 50067—2014。

（4）《建筑灭火器配置设计规范》GB 50140—2005。

二、系统设计

1. 室内消火栓系统

a. 消火栓给水系统竖向分2个区，地下室至二层为低区，三层至顶层为高区，地下室消防泵房内设置两台消火栓泵（一用一备）供各区消火栓用水，其中低区经减压阀减压后供给，高区直接供给。

（b）文字部分

代号	名称	代号	名称	代号	名称
		平面 系统	湿式报警阀	平面 系统	单出口消火栓
			喷头		蝶阀
	手提式干粉灭火器		水流指示器		可调式减压阀
	推车式干粉灭火器		止回阀		闸阀
	自动排气阀		室内水表		信号蝶阀

（c）图例

图 4-3 某住宅消防设计说明

2. 识读地下室消防平面图

地下室消防平面图描述了从市政消防外网入户到各楼栋主管道之间的消防管道走向。通过地下室平面图能够了解整个建筑的消防分区情况，以及与其余管道的交叉情况，为以后地下室管道的综合排布打下基础。常用比例是 1∶100 和 1∶50。

地下室消防平面图主要内容包括：

1）消防管道的编号，每一个编号的管道代表不同的管线。

2）消防管道的管径，平面图上会标注管道的公称直径。

3）消防管道的附件，如阀门、套管等。

4）消防管道的标高与位置，标高应与系统图一致。

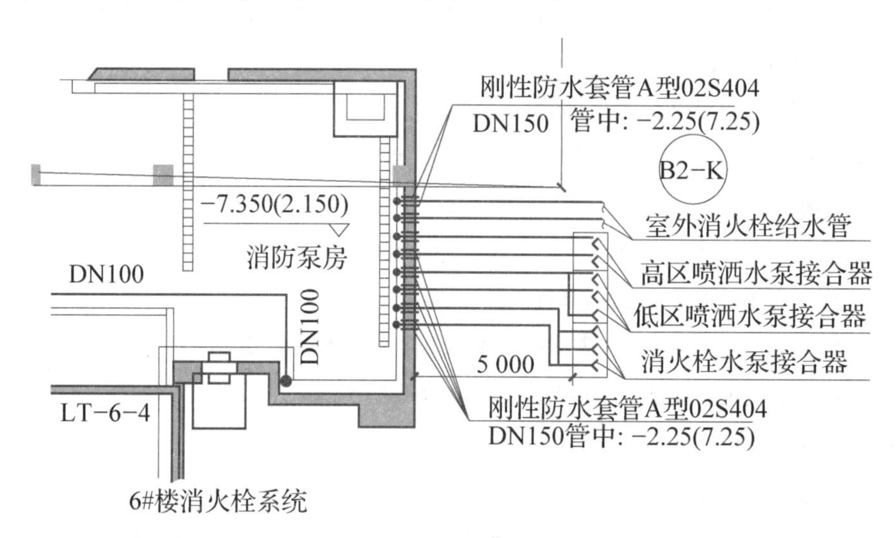

图 4-4　某住宅地下室消防平面图（一）

从地下室消防平面图（一）（图 4-4）中，可以读出以下信息：

1）本小区水泵接合器管 6 根，其中高区喷洒水泵接合器 2 根，低区喷洒水泵接合器 2 根，消火栓水泵接合器 2 根。室外消火栓给水管 2 根。

2）8 根管道都与消防泵房内水泵设备连接，8 根管道的公称直径均为 DN150。

3）8 根消防管的管中心标高均为-2. 25m（绝对标高 7. 25m）。

消防泵房内的水泵将消防水池中的水通过水泵加压，经过地下室管道输送到每栋楼内，从消防地下室平面图（二）（图 4-5）中可以看到，此住宅将消防管道分为高、低两个加压区，其中低区消火栓管道的公称直径为 DN150，高区消火栓管道的公称直径为 DN100。

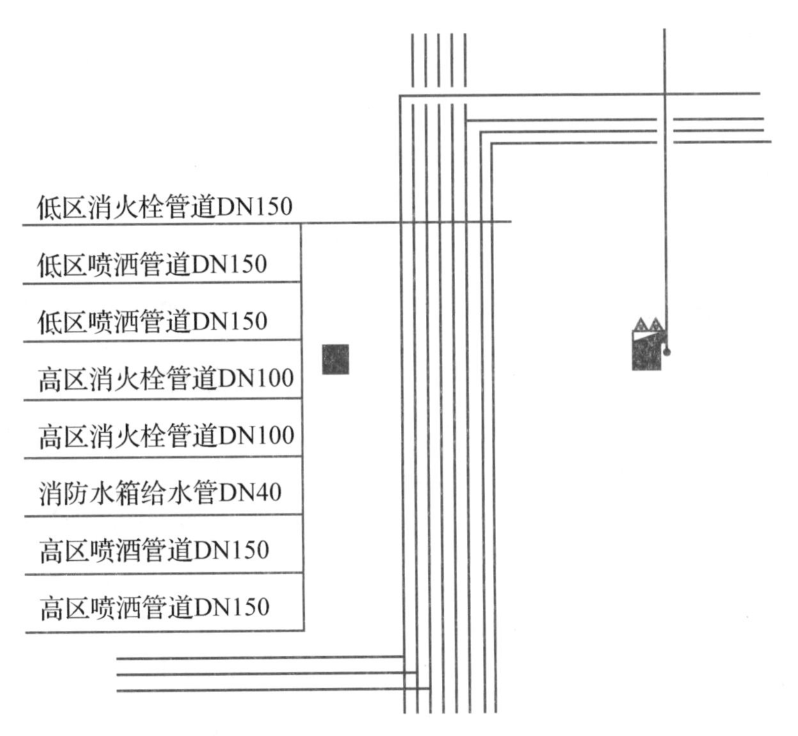

图 4-5　某住宅地下室消防平面图（二）

从地下室消防平面图（三）（图 4-6）中，可以识读：

低区消火栓管道给地下室消火栓箱供水。图 4-6 中两个消火栓箱间距为 35.423m，设计要求是两个室内消火栓之间间距不得大于 50m。从消火栓干管上分出支管供给各个楼栋的消火栓系统，每个分支管上都配有一个截止阀，防止以后消火栓检修或漏水时可以关闭某个区域，而不需要关闭整个系统。

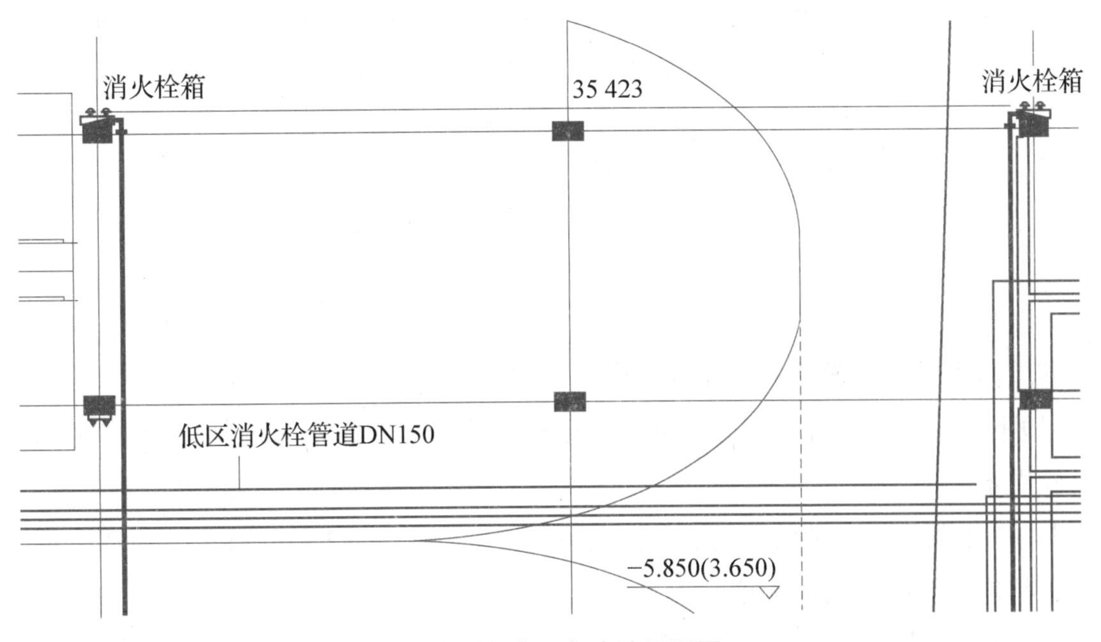

图 4-6　某住宅地下室消防平面图（二）

3. 识读标准层消防平面图

标准层消防平面图是代表这栋楼所有相同楼层消防管道走向的图样。从图样中能够体现出管道的走向、立管的标注、消火栓的位置和个数等。

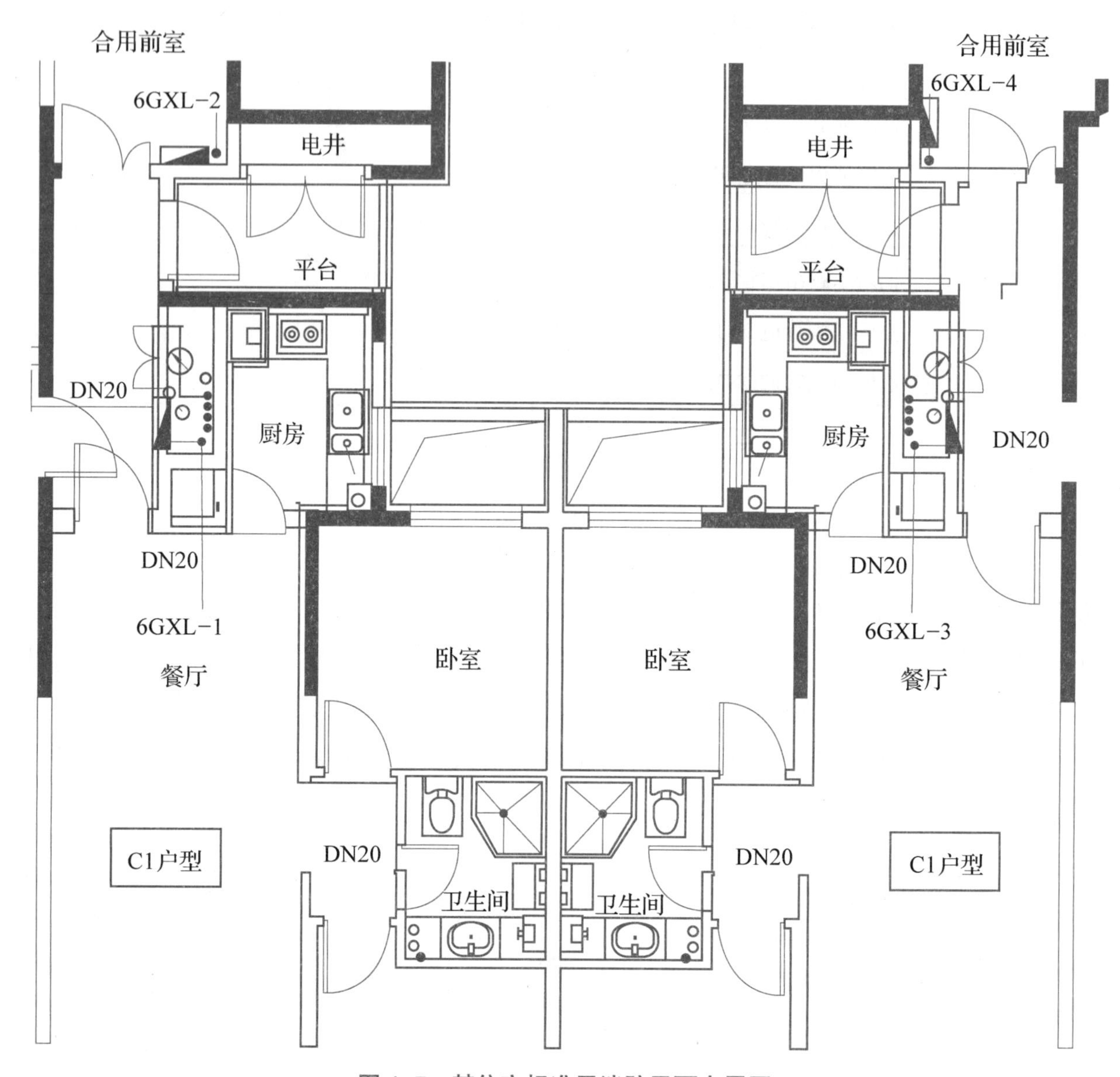

图 4−7 某住宅标准层消防平面布置图

从标准层消防平面布置图（图 4−7）中，可以识读：

1）在地下室，消防干管经由分支管进入楼栋，消防立管在水井内从下而上排布，为每个楼层消火栓供水。

2）图 4−7 中共有 4 条消防立管，分别为 6GXL−1、6GXL−2、6GXL−3、6GXL−4，每条立管在每一层都连接了一个消火栓箱。

3）消火栓箱紧靠砌筑墙安装，其中 1 号和 3 号消火栓箱为暗装（镶嵌在墙内），2 号和 4 号消火栓箱为明装。

4. 识读顶层消防平面图

因为消火栓系统到末端需要闭合形成环路，所以顶层消火栓管道与标准层消火栓管道有少许区别。从顶层消防平面布置图（图 4-8）中，可以识读：

除了消防立管和消火栓布置与标准层一致外，在顶层的梁底有两根 DN100 的水平管将两条消防立管连接在了一起，这两根水平管就是将消火栓系统最终形成环路的连通管。

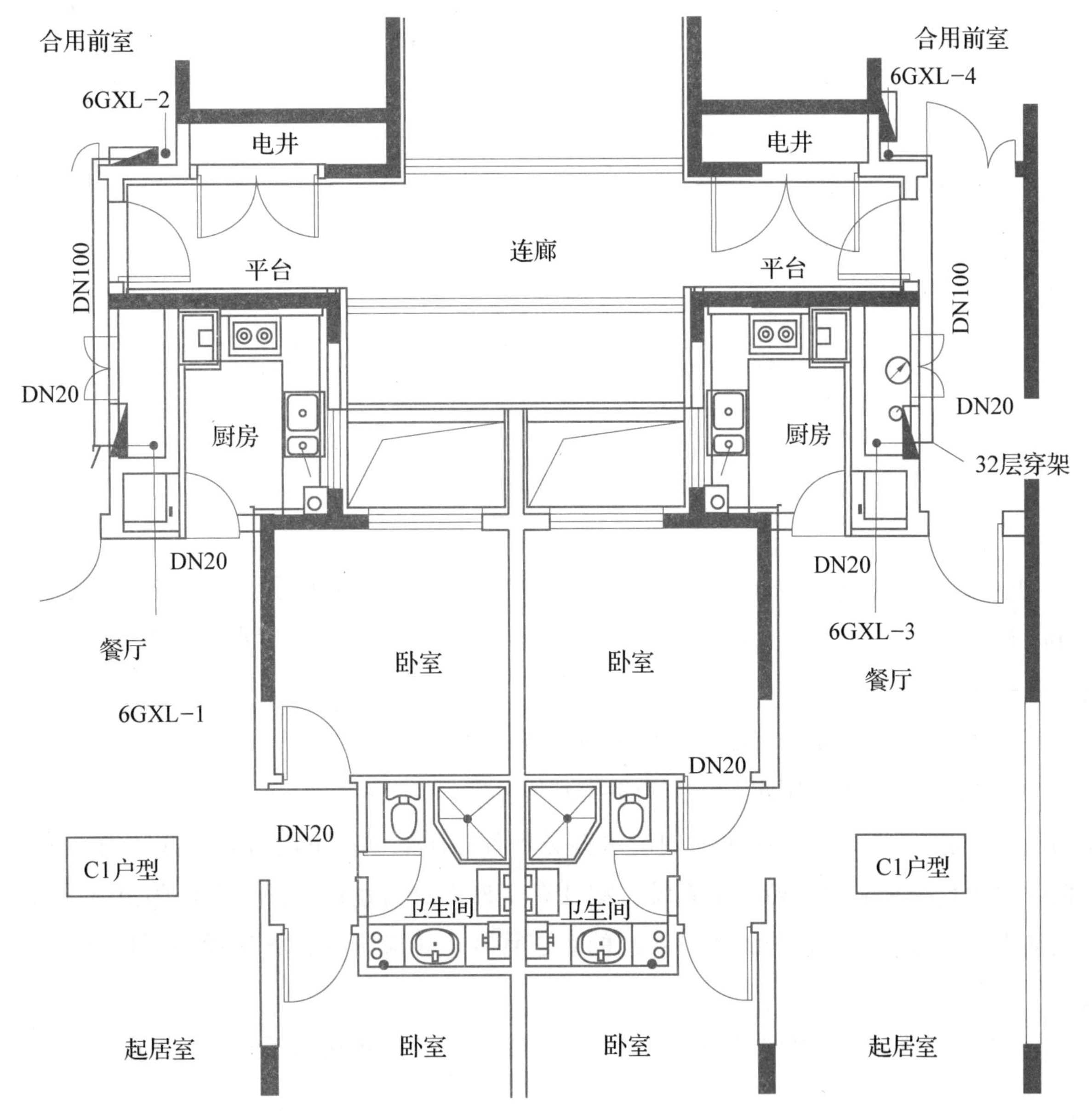

图 4-8　某住宅顶层消防平面布置图

5. 识读消防泵房系统图

从消防泵房系统图（图 4-9）中，能够识读：

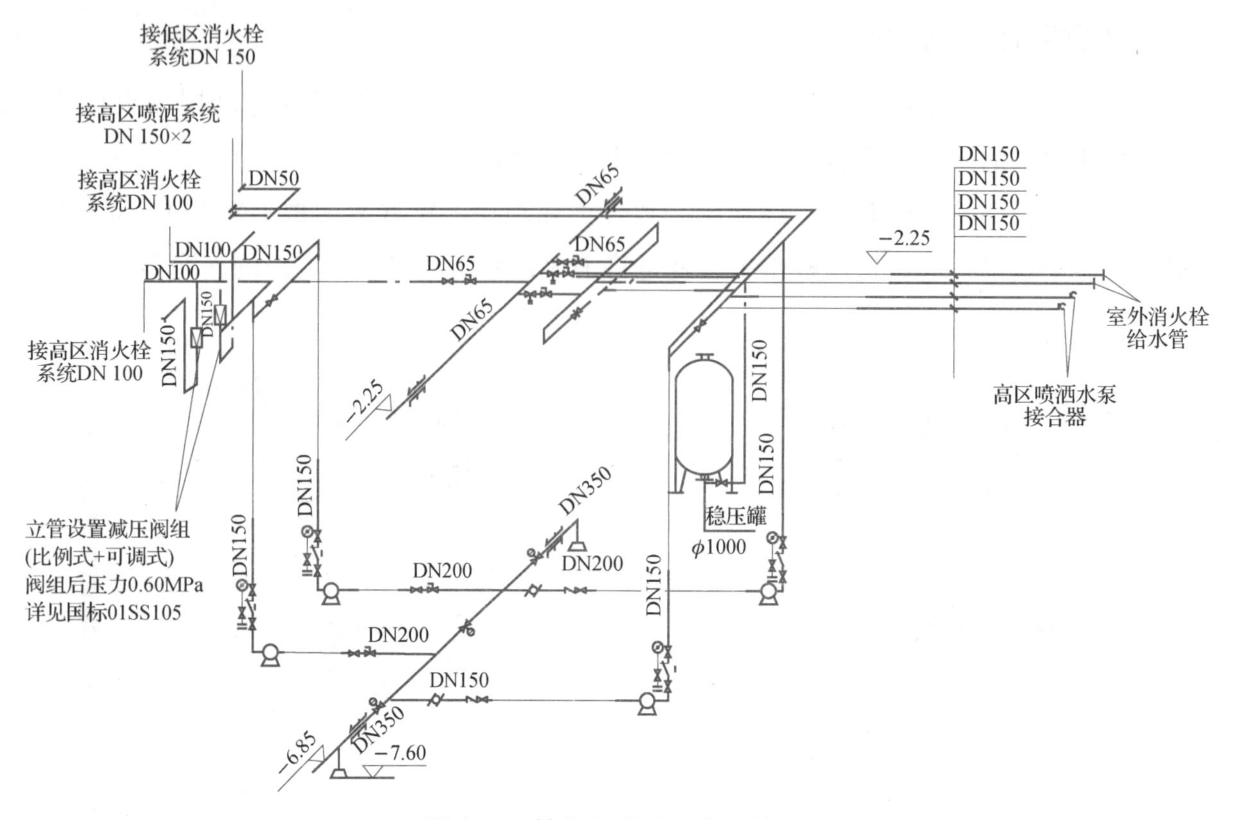

图 4-9 某住宅消防泵房系统图

1）此小区消防泵房内共有 10 台消防泵，其中 2 台消火栓给水泵，2 台室外消火栓水泵，2 台消防水箱给水加压泵，2 台低区自动喷水给水泵，2 台高区自动喷水给水泵，且每组泵组都是一备一用。

2）消防泵房内设置 1 台稳压泵，作为稳压装置。

3）消防泵房内设置减压阀组，作为系统减压装置。

4）系统通过消防泵将消防水池内的水输送到各加压区域。室内有高、低区消火栓系统，高、低区喷洒系统及消防水箱给水系统；室外有室外消火栓系统，高、低区喷淋水泵接合器系统及消火栓水泵接合器系统；各自系统的管道管径、相应附件，管道标高等均有表示，不做赘述。

5）所有管道在空间内的排布从图样上均能得到体现，对现场施工起到指导意义。

6. 地下室消防系统图

从地下室消防系统图（图 4-10）中，能够识读：

防水量经消防泵加压输送，从消防泵房出来的两根高区消火栓主管，分别接到 6 号楼的 4 根消防立管上。

2）消火栓主管的管径为 DN100，管道标高为-0. 800m。

3）每根立管底部都装有一个截止阀，当系统漏水或检修时，可关闭某一支路而无须关闭整个系统。

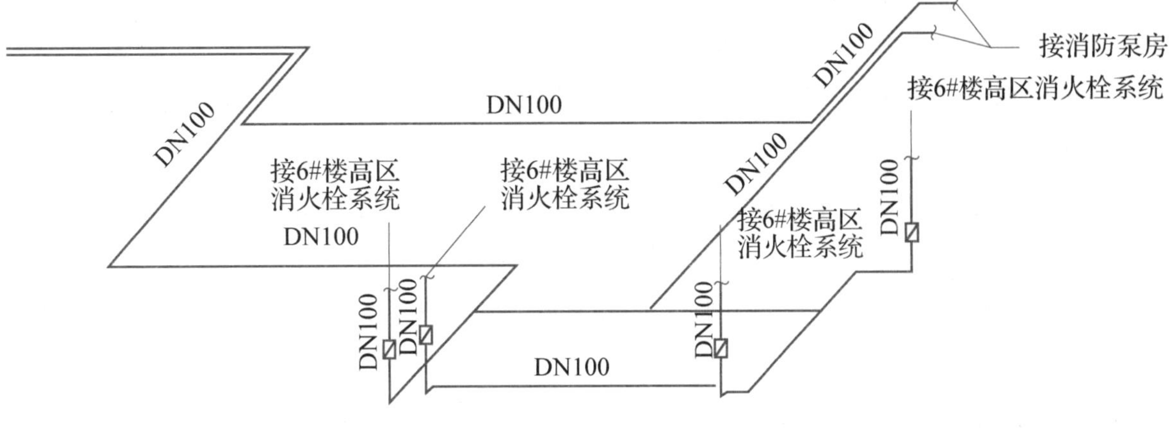

图 4-10 某住宅地下室消防系统图

7. 地上消防系统图

从地上消防系统图（图 4-11）中，能够识读：

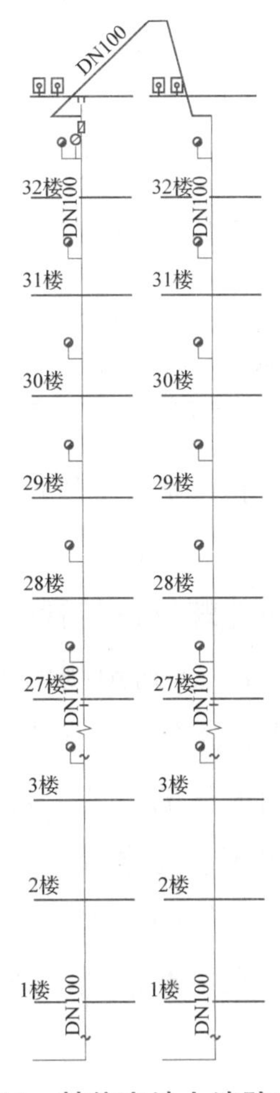

图 4-11 某住宅地上消防系统图

1）消防立管由地下室消防水平管上引出。

2）立管编号为 6GXL-1、6GXL-2，立管管径为 DN100。

3）每根立管每层都连接一组消火栓箱。

4）在顶层通过一根 DN100 连通管，将两根消防立管形成闭合环路，保证了所有消火栓都有两条回路能够供应。

5）在顶层最不利点设置了试验消火栓，以用来检测最不利点水压，从而判断系统压力是否正常。

6）每根立管底部都装有一个截止阀，防止系统漏水及检修时，关闭某一支路而无须关闭整个系统。

4.2 识读自动喷淋系统施工图

自动喷淋系统是一种在发生火灾时，既能自动探测火灾信号并实施火灾报警（由相应电气探测系统完成），又能自动实施喷水灭火的特殊消防系统。它具有安全、可靠、全自动化的特点，适用于发生火灾频率高、火灾危险等级高的建筑中，如大型百货商场、高层建筑、易燃易爆品仓库、影剧院、地下建筑等建筑中。

4.2.1 自动喷淋系统概述

自动喷淋系统由水源、加压储水设备、喷头、管网（主管、干管、支管）、报警装置、自动探测信号系统等组成。

管网负责输送消防水，喷头端头为外螺纹，与管网中支管相连。火灾发生时，由于火焰和热气流的作用，喷头周围的温度升高，达到预测温度极限（普通级耐温 72℃，中级耐温 100℃，高温级耐温 141℃），使喷头易熔合金锁片的焊接材料熔化，喷头的锁紧装置失去作用，管内的水就经喷头向外喷洒，达到灭火的目的。自动探测信号系统通过探头（感温和感烟两大类）探测信号，传递信号，发出声、光报警，并可自动控制消防泵的启动，向城市消防指挥中心发出信号。消防泵负责给消防管网送水，并保证有足够的水压。消防水箱等储水设施的作用是保证在火灾发生时，消防水泵能抽到消防水并输送到管网中。具体的工作过程如图 4-12 所示。

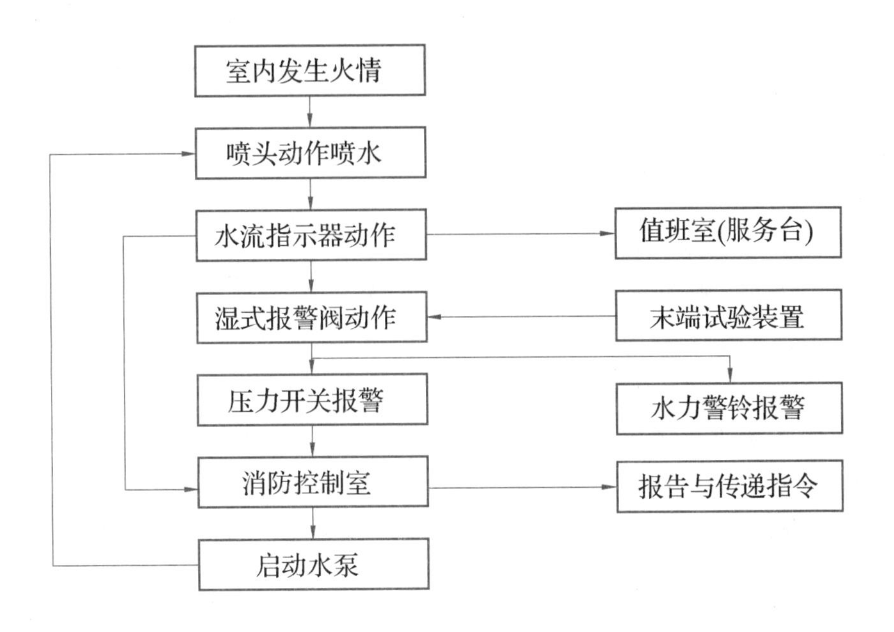

图 4-12 自动喷淋系统的工作流程

自动喷淋系统有以下几种分类方式，分别如下：

1）按喷头的开启形式分类，可分为闭式系统、开式系统。

2）按对保护对象的功能分类，可分为暴露防护型（水幕或冷却等）、控制灭火型。

3）按喷头形式分类，可分为传统型（普通型）喷头、洒水型喷头、大水滴型喷头、快速响应早期抑制型喷头。

4）按报警阀的形式分类，可分为湿式系统、干式系统、干湿两用系统、预作用系统、雨淋系统。

1. 闭式自动喷淋系统

闭式自动喷淋系统指在系统中采用闭式喷头，喷头系统平时为封闭状态，火灾发生时喷头打开，系统变为敞开式系统喷水，主要分为湿式自动喷淋系统、干式自动喷淋系统、预作用自动喷淋系统。

不同闭式自动喷淋系统的比较如表 4-2 所示。

表 4-2 不同闭式自动喷淋系统的比较

名称	概念	优点	缺点	适用范围
湿式自动喷淋系统	管网中充满有压水，当建筑物发生火灾，火点温度达到开启闭式喷头时，喷头出水灭火	灭火及时、扑救效率高	由于管网中充满有压水，当发生渗漏时会损坏建筑装饰，影响建筑的使用	适用于环境温度4℃~70℃的建筑物

续表

名称	概念	优点	缺点	适用范围
干式自动喷淋系统	管网中平时不充水，充有有压空气（或氮气），当建筑物发生火灾，火点温度达到开启闭式喷头时，喷头开启，排气、充水、灭火	管网中平时不充水，对建筑物装饰无影响，对环境温度也无要求	喷头出水灭火不如湿式系统及时	采暖期长而建筑内无采暖的场所
预作用自动喷淋系统	为喷头常闭的灭火系统，管网中平时不充水（无压），发生火灾时，火灾探测器报警后，自动控制系统控制阀门排气、充水，由干式系统变为湿式系统	弥补了上述干、湿两种系统的缺点	只有当着火点温度达到开启闭式喷头时，才开始喷水灭火	对建筑装饰要求高、灭火要求及时的建筑物

2. 开式自动喷淋系统

开式自动喷淋系统是指在系统中采用开式喷头，喷头常开，系统平时为敞开状态，报警阀处于关闭状态，管网中无水。当火灾发生时报警阀开启，管网充水，喷头喷水灭火。开式自动喷淋系统分为 3 种形式：雨淋自动喷淋系统、水幕自动喷淋系统、水喷雾自动喷淋系统。不同开式自动喷淋系统的比较如表 4-3 所示。

表 4-3　不同开式自动喷淋系统的比较

名称	工作原理	优缺点	适用范围
雨淋自动喷淋系统	当火灾发生时，火灾探测器感受到火灾后，便立即向控制器送出火灾信号，控制器将信号作声光显示，并同时输出控制信号，打开传动管网上的传动阀门，自动释放传动管网中有压水，使雨淋阀上的传动水压骤然降低，雨淋阀启动，消防水便立即充满管网，经过开式喷头喷水	出水量大、灭火及时	火灾蔓延快、危险性大的建筑或部位
水幕自动喷淋系统	水幕自动喷淋系统不能直接用于扑灭火灾，而是与防火卷帘、防火幕配合使用，进行冷却，阻止火势扩大和蔓延	不具备灭火能力，能保持分隔物的完整性和隔热性，使其免遭火灾破坏	用来保护建筑物的门、窗、洞口，或在大空间形成水帘，起防火隔离的作用

续表

名称	工作原理	优缺点	适用范围
水喷雾自动喷淋系统	水喷雾自动喷淋系统用喷雾喷头，将水粉碎成细小的水雾滴后，喷射到正在燃烧的物体表面，通过表面冷却、窒息及乳化的同时作用实现灭火	具有多种灭火机理，使其具有适用范围广的优点，不会造成液体火飞溅，电气绝缘性好	扑灭固体火灾、可燃液体火灾和电气火灾

4.2.2 自动喷淋系统的主要组件

1. 喷头

喷头的形式、品种、规格很多，有二百余种，主要归为闭式喷头、开式喷头、特殊喷头 3 类（表 4-4、表 4-5）。

1）闭式喷头是带热敏元件及其密封组件的自动喷头。该热敏元件可在预定范围温度下动作，使热敏元件及其密封组件脱离喷头本体，并按规定的形状和水量在规定的保护面积内喷水灭火。

2）开式喷头是不带热敏元件的喷头，有 3 种类型：开式洒水喷头、水幕喷头、喷雾喷头。

3）特殊喷头具有特殊的结构或特殊的用途。

表 4-4 各种类型喷头的适用场所

喷头类别		适用场所
闭式喷头	玻璃球洒水喷头	因具有外形美观，体积小、质量小、耐腐蚀的特点，适用于宾馆等要求美观和具有腐蚀性污染的场所
	易熔合金洒水喷头	适用外观要求不高、腐蚀性不大的工厂、仓库和民用建筑
	直立型洒水喷头	适用于安装在管路下经常有移动物体的场所，以及尘埃较多的场所
	下垂型洒水喷头	适用于各种保护场所
	边墙型洒水喷头	适用于安装空间窄、通道状建筑
	吊顶型喷头	属装饰喷头，可安装于旅馆、客厅、餐厅、办公室等建筑
	普通型洒水喷头	可直立、下垂安装，适用于有可燃吊顶的房间
	干式下垂型洒水喷头	专用于干式喷水灭火系统的下垂型喷头

续表

喷头类别		适用场所
开式喷头	开式洒水喷头	适用于雨淋喷水灭火系统和其他形式系统
	水幕喷头	凡需保护的门、窗、洞、檐口、舞台口等均应安装这类喷头
	喷雾喷头	用于保护石油化工装置、电力设备等
特殊喷头	自动启闭洒水喷头	这种喷头具有自动启闭功能，凡需降低水渍损失的场所均适用
	快速反应洒水喷头	这种喷头具有短时启动效果，要求启动时间短的场所均适用
	大水滴洒水喷头	适用于高架库房等火灾危险等级高的场所
	扩大覆盖面洒水喷头	喷水保护面积可达30~36m^2，可降低系统造价

表4-5 各种喷头的技术性能参数

喷头类别	喷头公称口径/mm	动作温度（℃）和颜色	
		玻璃球喷头	易熔元件喷头
闭式喷头	10、15、20	57—橙、68—红、79—黄、93—绿、141—蓝、182—紫红、227—黑、260—黑、343—黑	55~70 本色 80~107 白 121~149 蓝 163~191 红 204~246 绿 260~302 橙 320~343 黑
开式喷头	10、15、20		
水幕喷头	6、8、10、12、7、16、19		

2. 报警阀

报警阀的作用是开启和关闭管网的水流，传递控制信号至控制系统并启动水力警铃直接报警，分为湿式、干式、干湿式和雨淋式4种类型，如表4-6所示。常见报警阀有DN50、DN65、DN80、DN125、DN150、DN200共6种规格。

表 4-6 各种报警阀的工作原理及适用范围

名称	工作原理	适用范围
湿式	湿式报警阀平时阀芯前后水压相等，由于阀芯的自重和阀芯前后所受水的总压力不同，阀芯处于关闭状态，发生火灾时闭式喷头喷水，由于水压平衡小孔来不及补水，报警阀上面水压下降，此时阀下水压大于阀上水压，阀板开启，向立管及管网供水，同时发出火警信号并启动消防泵	用于湿式自动喷淋系统，在其立管上安装
干式	与湿式报警阀基本相同，不同之处在于湿式报警阀阀板上面的总压力为管网中的有压水的压强引起，而干式报警阀由阀前水压和阀后管中的有压气体的压强引起。干式报警阀的阀板上面受压面积要比阀板下的面积大 8 倍。	用于干式自动喷淋系统，在其立管上安装
干湿式	由湿式报警阀和干式报警阀依次连接而成，在温暖季节用湿式装置，在寒冷季节则用干式装置。当系统转为湿式灭火系统时，差动阀板从干式报警阀中取出，干式和湿式报警阀中均充满水	用于干湿交替式喷水灭火系统，是既适合湿式喷水灭火系统，又适合干式喷水灭火系统的双重作用阀门
雨淋式	在喷头动作以前，靠自动或手动启动，使阀内的第三室压力下降；当降至供水压力的 1/2 时，阀门开启，水流立即充满整个雨淋管网，喷水灭火，并启动水力警铃或电铃报警，阀门一般手动复位	主要用于雨淋自动喷淋系统、预作用自动喷淋系统、水幕自动喷淋系统和水喷雾自动喷淋系统

3. 水流报警装置

1）水力警铃主要用于湿式自动喷淋系统，宜装在报警阀附近（其连接管不宜超过 6m）。当报警阀打开消防水源后，具有一定压力的水流冲动叶轮打铃报警。水力警铃不得由电动报警装置取代。

2）水流指示器用于湿式自动喷淋系统中，通常安装在各楼层配水干管或支管上。当某个喷头开启喷水或管网发生水量泄漏时，管道中的水产生流动，引起水流指示器中桨片随水流而动作，接通电信号送至报警控制器报警，并指示火灾楼层。

3）压力开关垂直安装于延迟器和水力警铃之间的管道上。在水力警铃报警的同时，依靠警铃管内水压的升高自动接通电触点，完成电动警铃报警，向消防控制室传送电信号或启动消防水泵。

4. 延迟器

延迟器是一个罐式容器，安装于报警阀与水力警铃（或压力开关）之间，用来防止由于水压波动原因引起报警阀开启而导致的误报。报警阀开启后，水流需经 30s 左右充满延迟器后，方可冲打水力警铃。

5. 火灾探测器

火灾探测器是自动喷淋系统的重要组成部分，布置在房间或走道的顶板下面，其数量应根据探测器的保护面积和探测区面积计算而定。常用的火灾探测器有感烟探测器、感温探测器。感烟探测器利用火灾发生地点的烟雾浓度进行探测；感温探测器通过火灾引起的升温进行探测。

6. 末端检试装置

末端检试装置是指在自动喷淋系统中，每个水流指示器作用范围内供水量最不利处设置检验水压、检测水流的指示器，以及报警阀和自动喷淋系统的消防水泵联动装置可靠性检测装置。末端检试装置由控制阀、压力表及排水管组成，排水管可单独设置，也可利用雨水管，但必须间接排水。

4.2.3 自动喷淋系统管网及喷头的布置

自动喷淋系统一般设计成独立系统，管网系统包括引入管、供水干管、配水立管、主配水管、配水管、配水支管及报警阀、阀门等系统附件。

1. 管网的布置

自动喷淋系统管网应根据建筑平面的具体情况布置成侧边式或中央布置式，如图 4-13 所示。为了保证喷水灭火系统压力能够基本稳定，达到较好的灭火效果，系统管网的工作压力应不超过 1.2MPa。

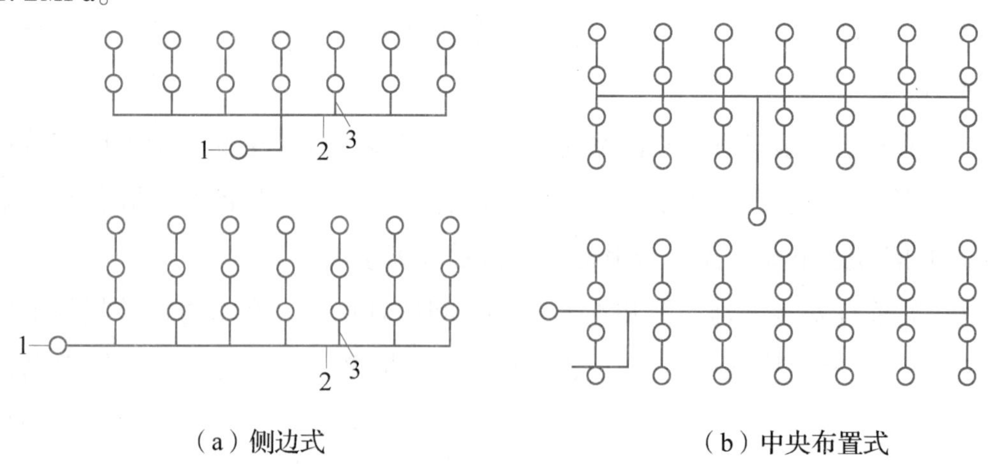

（a）侧边式　　（b）中央布置式

图 4-13 管网布置形式

1—主配水管；2—配水管；3—配水支管

配水干管一般布置在便于维修、操作方便的位置，并设置分隔阀门，形成若干独立段，阀门经常处于开启状态，有明显的启闭标志。自动喷淋系统的管道分支较多，报警阀后的管道上不设其他用水管道，每根配水支管或配水管的直径不小于25mm。

不同管径的配水管道在不同条件下可以安装的喷头数量，如表4-7所示。

表4-7　轻危险级、中危险级场所中配水支管、配水管控制的标准喷头数

公称直径/mm	控制的标准喷头数/个	
	轻危险级	中危险级
25	1	1
32	3	3
40	5	4
50	10	8
65	18	12
80	48	32
100	—	64

2. 喷头的布置

喷头的布置间距要求：在保护的区域内，任何部位发生火灾都能得到一定强度的水量。喷头的布置形式应根据顶板、吊顶的装修要求布置成正方形、长方形和菱形3种形式中的一种，如图4-14（a）~（C）所示。

水幕喷头布置根据成帘状的要求应呈线状布置，根据隔离强度要求可布置成单排、双排和防火带形式，如图4-14（d）所示。

直立型、下垂型喷头的布置，同一根配水支管上喷头的间距及相邻配水支管的间距应根据系统的喷水强度、喷头的流量系数和工作压力确定，并应不大于表4-8的规定，且不宜小于2.4m。

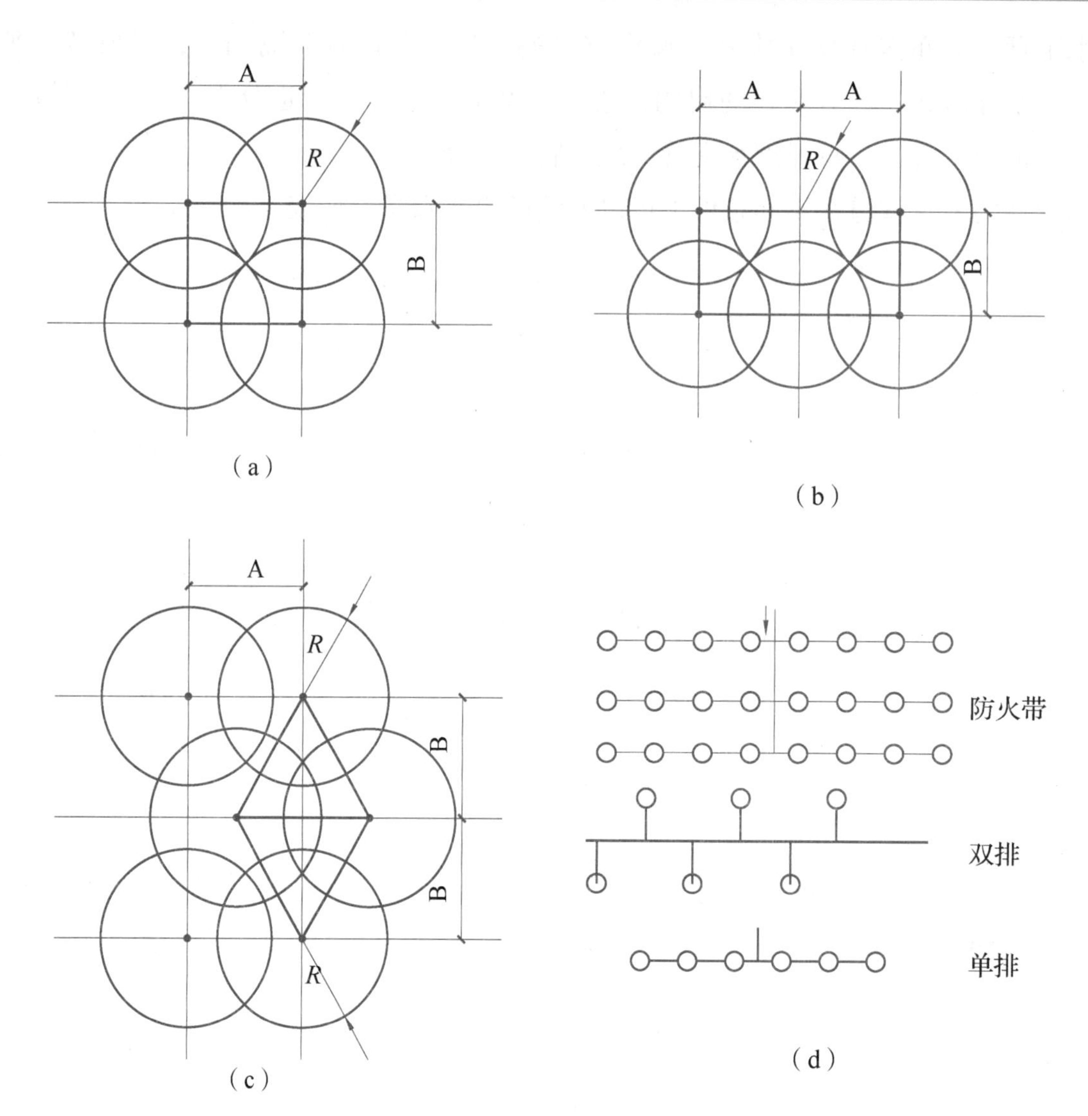

图 4-14 管网布置形式

A、B—主配水管；R—喷水半径

表 4-8 同一根配水管支管上喷头或相邻配水管支管的最大间距

喷水强度/[L/（min·m^2）]	正方形布置的边长/m	矩形或平行四边形布置的长边边长/m	一只喷头的最大保护面积/m^2
4	4.4	4.5	20.0
6	3.6	4.0	12.5
8	3.4	3.6	11.5
12~20	3.0	3.6	9.0

净空高度大于 800mm 的闷顶和技术夹层内有可燃物时，应设置喷头。当局部场所设置自动喷淋系统时，与相邻不设自动喷淋系统场所连通的走道或连通开口的外侧，应设喷头。装设通透性吊顶的场所，喷头应布置在顶板下。顶板或吊顶为斜面时，喷头应垂直于斜面，并

应按斜面距离确定喷头间距。尖屋顶的屋脊处应设一排喷头。喷头溅水盘至屋脊的垂直距离：当屋顶坡度大于1/3时，应不大于0.8m；当屋顶坡度小于1/3时，应不大于0.6m。

图书馆、档案馆、商场、仓库中的通道上方宜设有喷头。喷头与被保护对象的水平距离应不小于0.3m；标准喷头溅水盘与保护对象的最小垂直距离不小于0.45m，其他喷头溅水盘与保护对象的最小垂直距离应不小于0.9m。

喷头洒水时，应均匀分布，且应不受阻挡。当喷头附近有障碍物时，喷头与障碍物的间距应符合相关规定或增设补偿喷水强度的喷头。自动喷淋系统应有备用喷头，其数量应不少于总数的1%，且每种型号均不得少于10只。

湿式自动喷淋系统、预作用自动喷淋系统中一个报警阀组控制的喷头数不宜超过800只，干式系统不宜超过500只；当配水支管同时安装保护吊顶下方和上方空间的喷头时，应只将数量较多一侧的喷头计入报警阀组控制的喷头总数；串联接入湿式自动喷淋系统配水干管的其他自动喷淋系统，应分别设置独立的报警阀组，且控制的喷头数计入湿式阀组控制的喷头总数。每个报警阀组供水的最高位置喷头与最低位置喷头，其高程差不宜大于50m。

水力警铃的工作压力应不小于0.05MPa，并应设在有人值班的地点附近，与报警阀连接的管道的管径应为20mm，总长不宜大于20m。除报警阀组控制的喷头只保护不超过防火分区的同层场所外，每个防火分区、每个楼层均应设水流指示器。

系统应设水泵接合器，其数量应按系统的设计流量确定，每个水泵接合器的流量宜按10~15L/s计算。当水泵接合器的供水能力不能满足最不利点处作用面积的流量和压力要求时，应采取增压措施。

4.2.4 自动喷淋系统施工图的组成及内容

1. 设计说明

设计说明包括介绍工程概况、材料设备的选用、施工操作的特殊要求、有关图例符号的含意、管网压力及试验验收要求等。需要强调的是，自动喷淋系统的施工验收由当地公安消防部门负责，其设计图纸要交消防部门审验通过后方能施工。

2. 平面图

平面图主要表达喷头的平面位置、管道的平面走向、立管的平面位置及编号、消防水箱、水泵的平面位置、消防水源的接入点等内容。平面图需分层绘制，标准平面图可以表示若干层平面布置方式相同的楼层。

3. 系统图

系统图反映消防喷洒管道的空间走向、标高、喷头的空间位置、管径、管道的安装坡度及坡向、试验喷头的空间位置等内容。

4. 详图

详图是管路中设备的安装大样图，可以参见有关手册及设备生产厂家的产品安装详图。

案例分析

下面以某住宅自动喷淋系统施工图为例，进行识图。

自动喷洒系统施工图的形成原理、图示方法及识读方法步骤与前面阐述的建筑给水系统和消火栓系统相似，这里不再详细介绍。下面以某住宅自动喷淋系统施工图为例，进行识图。从图 4-15 中可以识读出：从消防泵房引出 4 根喷淋主管道，其中 2 根高区喷淋管道，2 根低区喷淋管道，管道直径均为 DN150。

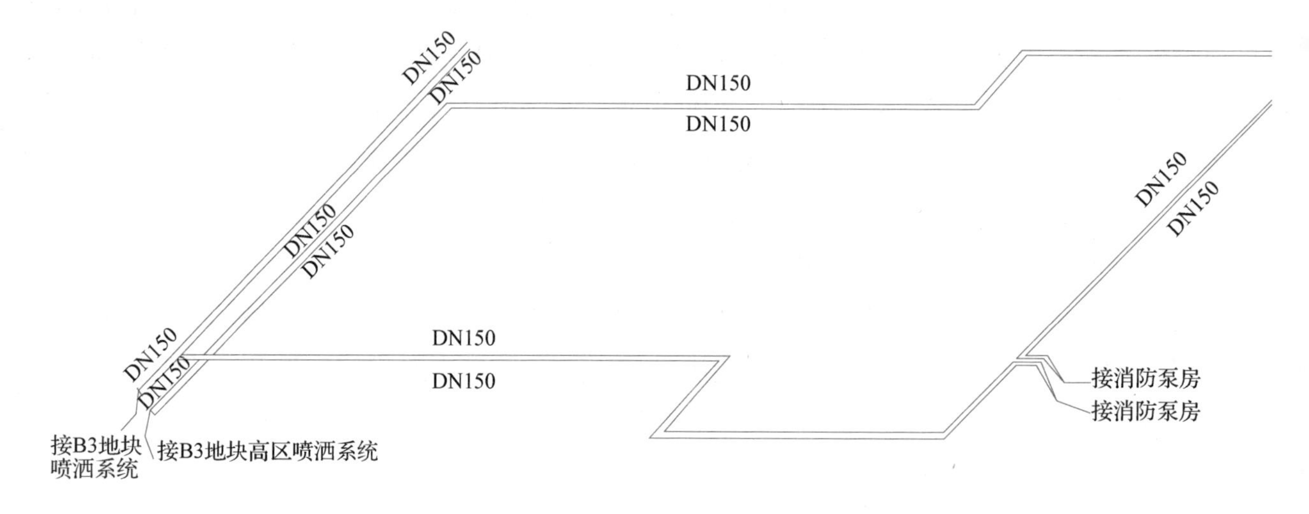

图 4-15　自动喷淋管道系统图（一）

从图 4-16 中可以识读出：消防主管道与报警阀组连接，经过报警阀组，再反馈到各个分区及楼层内部。阀组之间连接管道管径为 DN150，相应阀门在系统图内均有显示。

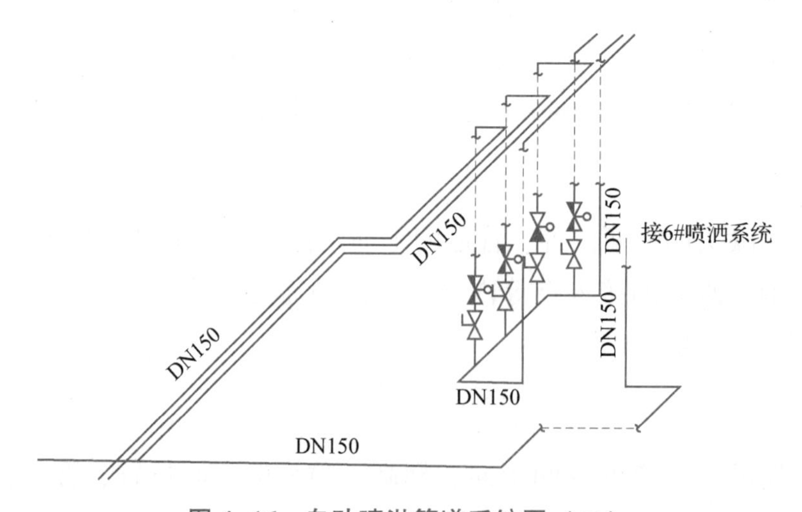

图 4-16　自动喷淋管道系统图（二）

从图 4-17 中能够识读到的信息如下：

1）喷淋管道通过报警阀组反馈到楼栋主体位置，通过喷淋立管进入室内。立管管径为 DN150。

2）立管进入室内分支成水平管，水平管上安装截止阀及水流指示器。水平管不断往外分支成若干小支管，水平管管径不断变小，由 DN125 一直缩小到末端的 DN25。

3）每一个分支管上面的喷头数均为超过 8 个，且最小管管径没有小于 DN25，满足规范的设置要求。

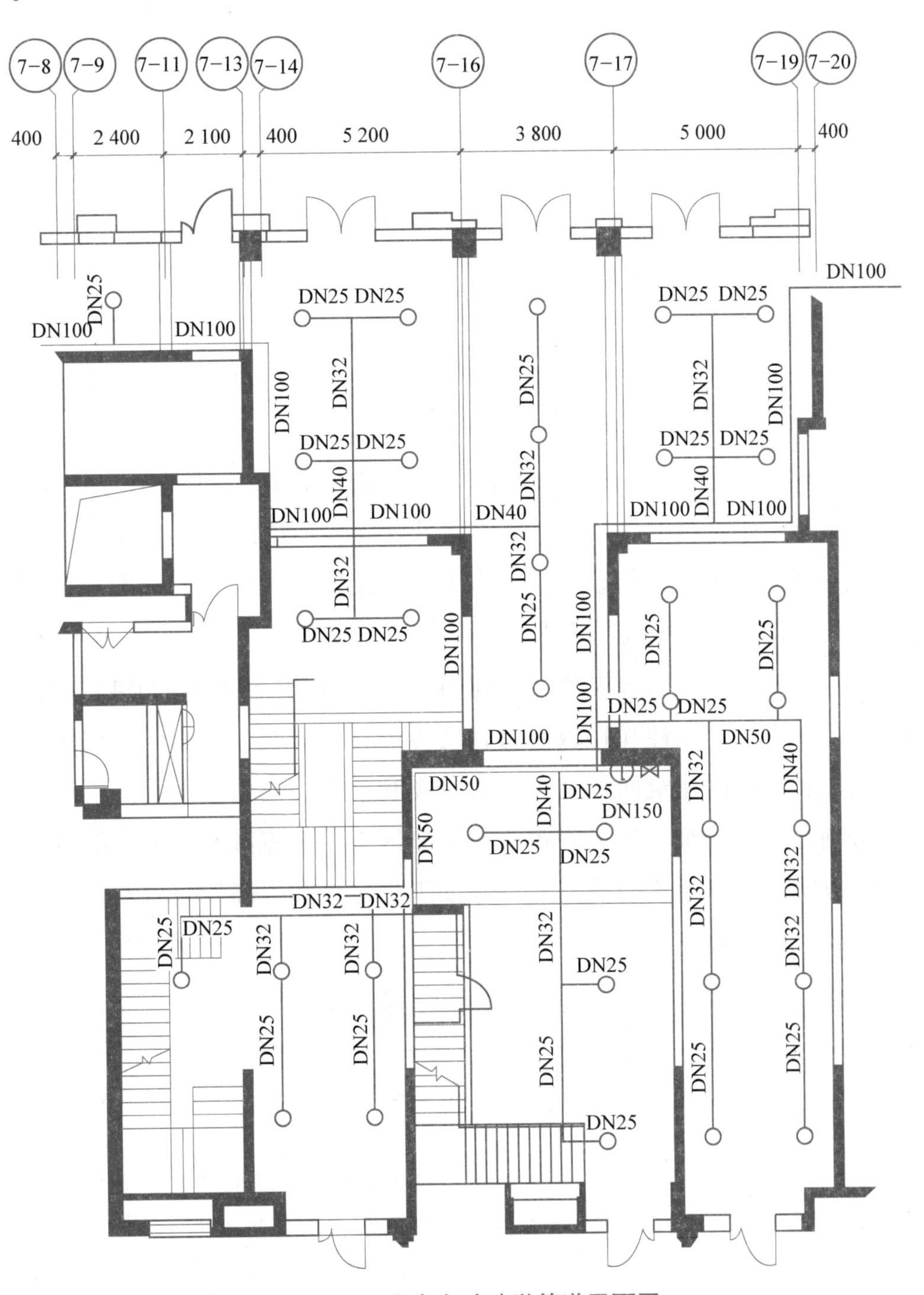

图 4-17　室内自动喷淋管道平面图

4.3 识读高层建筑消防施工图

高层建筑中人员众多，人流频繁，内装饰多，加上诸如电梯井、管道井、楼梯间和垃圾管道井等竖井会助长火势的蔓延，一旦发生火灾，内部人员疏散又相对困难，其危害性更大，因此必须高度重视高层建筑的消防问题。

4.3.1 高层建筑消防给水的特点

对于低层建筑，消防给水系统的任务是扑灭建筑物初期火灾，所以给水系统的水量、水压都是按照扑灭建筑物初期火灾的要求进行设计的，较大的火灾、初期没有扑灭的火灾，要依靠室外的消防车来灭火。

对于高层建筑，因其建筑高度超过了消防车能够直接有效扑灭火灾的高度，所以一旦发生火灾，只能依靠建筑内部消防给水系统本身的工作来灭火。消防队员到达现场后，一般是首先使用室内消火栓给水系统来控制火灾，而不是首先使用消防车上的消防设备。

高层建筑消火栓给水系统的设计原则是“立足自救”。为确保消防安全，满足“自救”的要求，高层建筑在消防给水系统的设置、供水方式及消防器材设备的选配和设计参数确定等方面均比单、多层民用建筑有更高的要求。

现行国家标准《建筑设计防火规范（2018 年版）》（GB 50016—2014）将民用建筑按照其建筑高度、功能、火灾危险性和扑救难易程度等进行了分类，其中，高层民用建筑根据建筑高度、使用功能和楼层的建筑面积又可分为一类和二类。民用建筑的防火设计规范是以该分类为基础，分别在耐火等级、防火间距、防火分区、安全疏散、灾火设施等方面提出了不同的设计要求，以实现保障建筑消防安全与保证工程建设和提高投资效益的统一。民用建筑的分类应符合表 4-9 的规定。

表 4-9 民用建筑的分类

名称	高层民用建筑		单、多层民用建筑
	一类	二类	
住宅建筑	建筑高度大于 54m 的住宅建筑（包括设置商业服务网点的住宅建筑）	建筑高度大于 27m，但不大于 54m 的住宅建筑（包括设置商业服务网点的住宅建筑）	建筑高度不大于 27m 的住宅建筑（包括设置商业服务网点的住宅建筑）

续表

名称	高层民用建筑		单、多层民用建筑
	一类	二类	
公共建筑	1）建筑高度大于 50m 的公共建筑。 2）任一楼层建筑面积大于 $1000m^2$ 的商店、展览、电信、邮政、财贸金融建筑和其他多种功能组合的建筑。 3）医疗建筑、重要公共建筑、独立建造的老年人照料设施。 4）省级及以上的广播电视和防灾指挥调度建筑、网局级和省级电力调度建筑。 5）藏书超过 100 万册的图书馆、书库	除一类高层公共建筑外的其他高层公共建筑	1）建筑高度大于 24m 的单层公共建筑。 2）建筑高度不大于 24m 的其他公共建筑

4.3.2 高层建筑消防给水系统的分类

高层建筑必须设置独立的消防给水系统。高层建筑的消防给水系统可按不同方式进行分类。

按照消防给水压力的不同，可以分为高压消防给水系统、临时高压消防给水系统。高压消防给水系统管网内经常保持灭火所需水量、水压，不需启动升压设备即可直接使用灭火设备灭火。该系统简单、供水安全，有条件时应优先采用。临时高压消防给水系统有两种情况，一种是管网内最不利点周围平时水压和水量不满足灭火要求，火灾时需启动消防水泵，使管网压力，流量达到灭火要求；另一种是管网内经常保持足够的压力，压力由稳压泵或气压给水设备等增压设施来保证，在泵房内设消防水泵，火灾时需启动消防泵使管网压力满足消防水压要求。后者为目前高层建筑中广泛采用的消防给水系统，临时高压给水系统需要可靠的电源，才能确保安全供水。

按供水范围的不同，消防给水系统可分为区域集中高压消防给水系统、独立高压消防给水系统。区域集中高压消防给水系统在每栋建筑单独设置消防给水系统，该系统便于管理，节省投资，适用于集中建设的高层建筑。独立高压消防给水系统在每栋建筑单独设置消防给水系统，该系统较区域集中高压消防给水系统更安全，但管理分散、投资高，适用于地震区或区内分散建设的高层建筑。

按照灭火方式的不同，消防给水系统可分为自动喷水灭火系统、消火栓给水系统。自动喷水灭火系统能自动喷水、报警，灭火、控火的成功率高，是当今世界上广泛采用的固定灭火系统，但其造价高。目前，我国 100m 以上的超高层建筑由于火灾隐患多、火灾蔓延快，人员的疏散级火灾扑救难度大，除面积小于 $5m^2$ 的卫生间、厕所不宜采用水扑救的部位外，均应设置自动喷水灭火系统。消火栓给水系统灭火效果不如自动喷水灭火系统，但因其系统简单、造价低，故 100m 以下的高层建筑以水为灭火剂的消防系统仍以消火栓给水系统为主，各类高层建筑中均需设置消火栓给水系统。

根据设计要求，高层建筑中需同时设置消火栓给水系统和自动喷淋系统时，应优先选用两类系统独立设置的。

4.3.3 高层建筑消防给水方式

高层消防给水系统有不分区和分区两种给水方式，不分区消防给水方式是一栋建筑采用同一消防给水系统供水。当消火栓给水系统消火栓处静水压力大于 1.0MPa，自动喷淋系统中的管网压力超过 1.2MPa 时，需分区供水；分区消防给水方式分串联分区消防给水方式、并联分区消防给水方式、减压阀分区给水方式，如表 4-10 所示。

表 4-10 分区消防给水方式的分类

名称	工作原理	优点	缺点
串联分区消防给水方式	各层分设水泵、水箱，分别安装在相应的技术设备层内。低压的消防水泵向低压的消防管网和低区上部的水箱供水；高区的消防水泵从低区的水箱中取水，向高区的消防管网和高区的水箱供水	不需要设置高压水泵和耐高压管道；各区水泵的流量和压力可按本区需要设计，供水逐级加压向上输送；水泵可在高效区工作，耗能少，设备及管道比较简单，投资较省	消防水泵分别设置在各区技术层内，占用建筑面积较多，分散不便于管理；同时对建筑结构的要求，对防振、防噪声、防漏的要求都比较高；一旦高区发生火灾，安全可靠性较差
并联分区消防给水方式	整个给水管网系统竖向分为两个区，有的高层建筑会分更多的区。各区单设水泵和水箱，各区独立，低区设置低扬程水泵，高区设置高扬程水泵	水泵集中设置，方便运行管理，安全可靠性高，影响范围小；能保证最高处的消火栓消防射流充实水柱达到 13m 的要求	水泵型号较多，压水管线较长；高区所需的扬程比较高，需要采用耐高压的消防立管和高扬程的水泵；高区的压力比较大

续表

名称	工作原理	优点	缺点
减压阀分区给水方式	由建筑物底层的水泵将消防水池中水加压后，输送至高区水箱，低区和高区管路之间设置有减压阀，水箱水再通过各区减压阀减压，依次进入低区	水泵型号统一，设备布置集中，便于管理，水泵及管道投资较省，节省建筑面积	总水箱容积大，增加了建筑底层的结构荷载，下区供水受上区限制；下区供水压力损失大，能源消耗大

4.3.4 高层建筑消防系统的设置要求

1. 高层建筑消防用水的水量要求

高层建筑的消防用水量应该能够满足消火栓系统和自动喷淋系统的用水量要求。表 4-11 是高层建筑室内消火栓给水系统用水量。

表 4-11 高层建筑室内消火栓给水系统用水量

建筑名称	建筑高度/m	室外消防用水量/(L/s)	室内			
			消防用水量/(L/s)	每根竖管水柱股数	同时到达任意点水柱股数	每股水量/(L/s)
一般塔式、单元式住宅	≤50 >50	15 20	10 15	2 2	2 2	5 5
重要塔式住宅、旅馆、办公楼、一般住宅、旅馆、办公楼、医院	≤50 >50	20 25	20 25	2 2	2 2	5 5
百货、展览、科研、邮政大楼、丙类火灾危险性的厂房和库房，重要住宅、医院、旅馆、办公楼、教学楼	≤50 >50	30 35	30 35	3 3	2 2	5 5

1）对于一般塔式住宅每层面积小于 500m²，消防立管在两根和两根以上时，每根竖管供应水柱股数为两股，若设两根竖管有困难，也可设一根竖管，其管径不小于 100mm，且保证相邻楼层消火栓的水柱能同时到达室内任一着火点。

2）当室内有自动喷洒消防设备时，在消防水泵启动前 10min，消防用水量应附加 10L/s，在消防水系启动后 50min 内应不少于 55L/s，其中的 30L/s 供自动喷淋系统使用。

3）高层建筑的消防供水除了有水量的要求外，还应满足水柱高度要求。其充实水柱一般不低于 10m；高度超过 50m 的百货大楼、展览建筑（包括博物馆）、科研楼、重要旅馆、办公建筑，其充实水柱应不小于 13m。

2. 高层建筑消防系统管网及用水水源设置要求

1）室外消防给水管道应布置成环状，如室外给水管网为树状或虽为环状但不能保证供给所需的消防用水量，应设置 3h 消防专用储水池。

2）消防水泵应各区分别设置，其压力应能满足本区最不利点消火栓所需射流压力。消防泵应有 100%的备用数量，每台消防泵应有独立的吸水管，并采用自灌式进水，以免耽误灭火。

3）高度在 50m 以下的建筑，虽然消防车尚能扑救火灾，但在室内消防管网上应设置水泵接合器，以便由消防车通过接合器加强室内管网的压力。

4）高层建筑的消防给水系统应包含自动报警装置和水泵自动控制装置，以保证在火警发生后的 5min 内启动消防泵。

5）消防给水系统的进水管道应不少于两根，竖向管道应进行分区，每一区中任意点的静水压力和消防泵开启后的压力均应不超过 100m 水柱。为了保证设置在本区技术层及相邻下 3 层的消火栓失火起始 10min 内充实水柱所需的压力，上一区的消防网必须延伸装设。

6）最上区的 3 层消火栓必须设置专用加压设备，如气压给水设备或按钮式专用消防泵，以保证在消防泵启动前供给足够的压力。

7）高层建筑的消防给水系统与生活给水系统必须分开设置，自成独立体系，以保证消防供水的安全。竖向管应成环网，立管多于 5 根时，水平方向也应成环网，管网上要设置必要的闸阀。

8）消防专用水泵应有不间断电源，为此可采用两路电源，或采用同一路电源设两条独立母线由环形电网供电，也可以备置其他动力，如柴油发电机等。

案例分析

高层建筑消防施工图要结合平面图、系统图等图样进行综合审读，下面以某办公楼消防施工图为例来进行高层建筑消防施工图的识图。从图 4-18 及图 4-19 中识读以下信息：

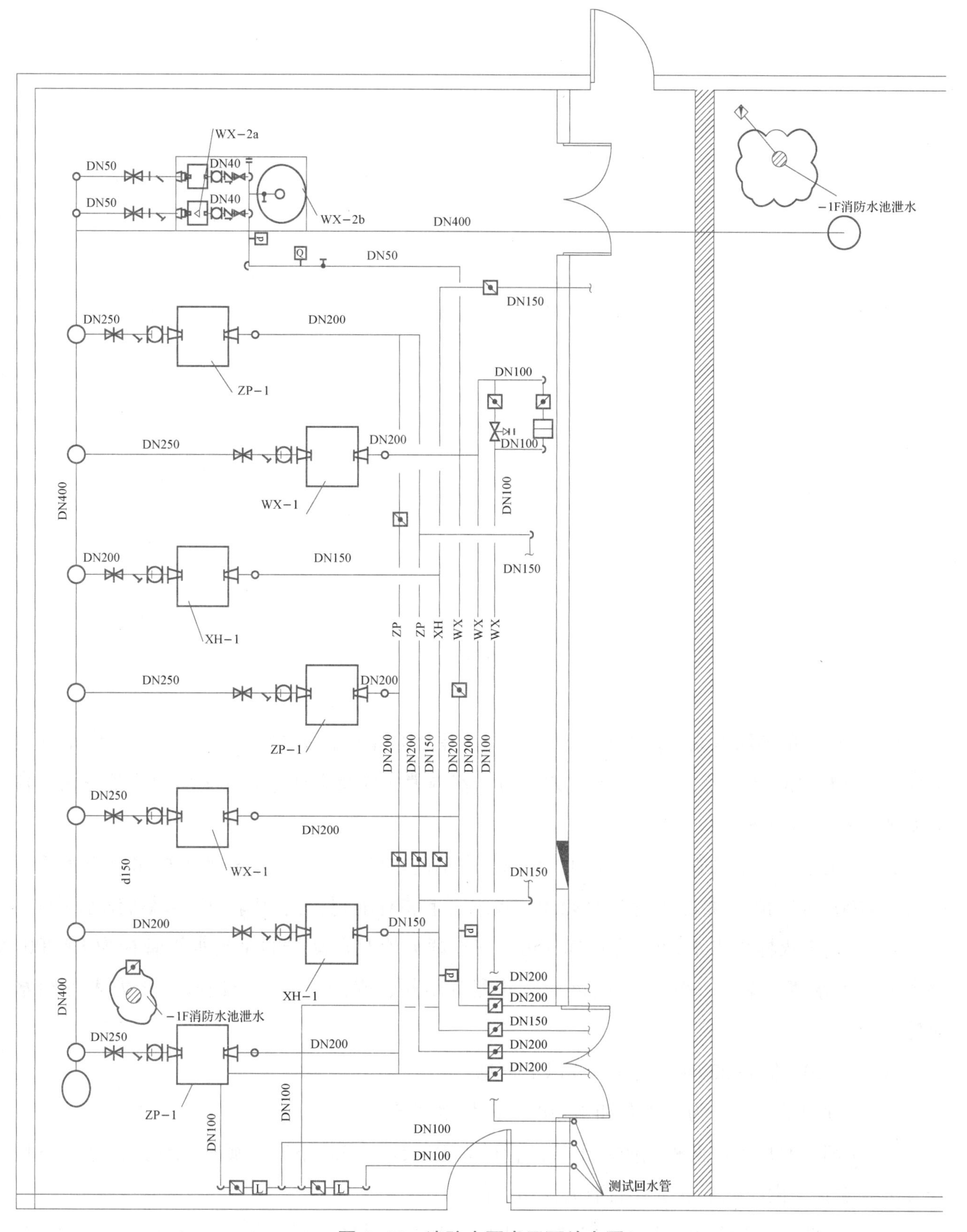

图 4-18　消防水泵房平面放大图

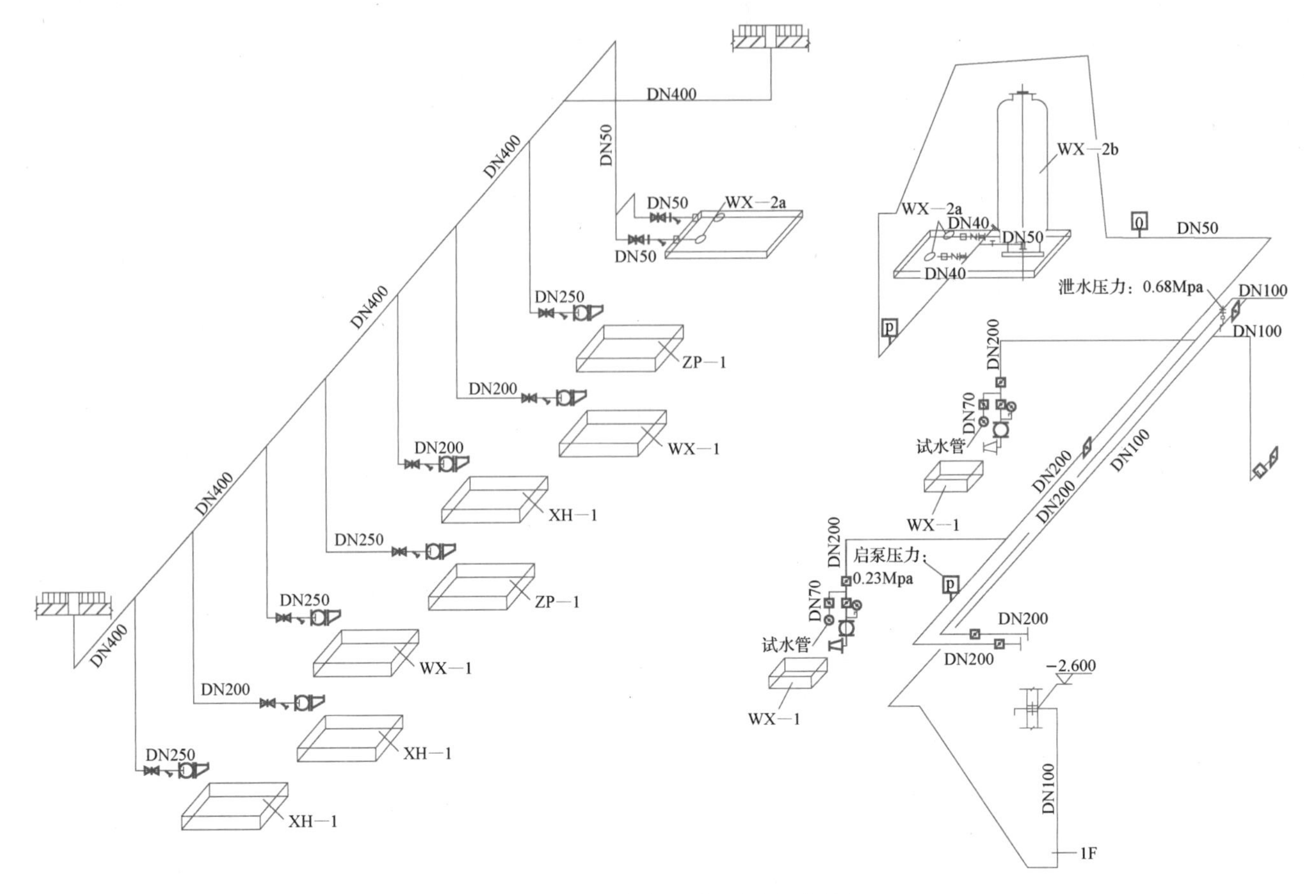

图 4-19 消防水泵房系统轴侧图

1）本项目的消防水泵房内共有 7 台水泵，其中 2 台室内消火栓泵（XH-1），2 台室外消火栓泵（WH-1）及 3 台自动喷洒泵（ZP-1）。室内消火栓及室外消火栓泵均为一备一用，自动喷洒泵为两用一备。

2）水泵吸水管主管管径为 DN400，水源来自消防水池，室内及室外消火栓水泵吸水管管径为 DN200，自动喷洒泵吸水管为 DN250。吸水管上装有闸阀、止回阀、避震喉等给水附件。

3）室内消火栓泵出水管管径为 DN150，室外消火栓及自动喷洒泵出水管管径为 DN200。每个水泵出水管都装有一组试验消火栓，并配有闸阀、蝶阀、消声止回阀、压力表等给水附件。

从图 4-20~图 4-22 中，可以识读以下信息：

1）本项目消防系统为设水泵和水箱的消防供水系统。

2）从消防泵房引出两根消防主干管，管径为 DN150。在地下室区域形成环路，地下室环管分出分支管，供应地下室所有的消火栓箱点位。

3）从消防主干管分出 8 根消防立管，供办公楼楼上消防系统，编号为 XHL-1~XHL-8。立管管径为 DN100。每根立管每层分出一组消火栓箱，每层楼内均有 8 组消火栓箱。

4）在顶层所有的消火栓立管通过环管连成环路，环管管径为 DN150，以确保所有消火栓都有至少两个回路供应。

5）设备层设置了高位水箱、稳压罐等设备，并设置试验消火栓，确保最不利点压力的测定。

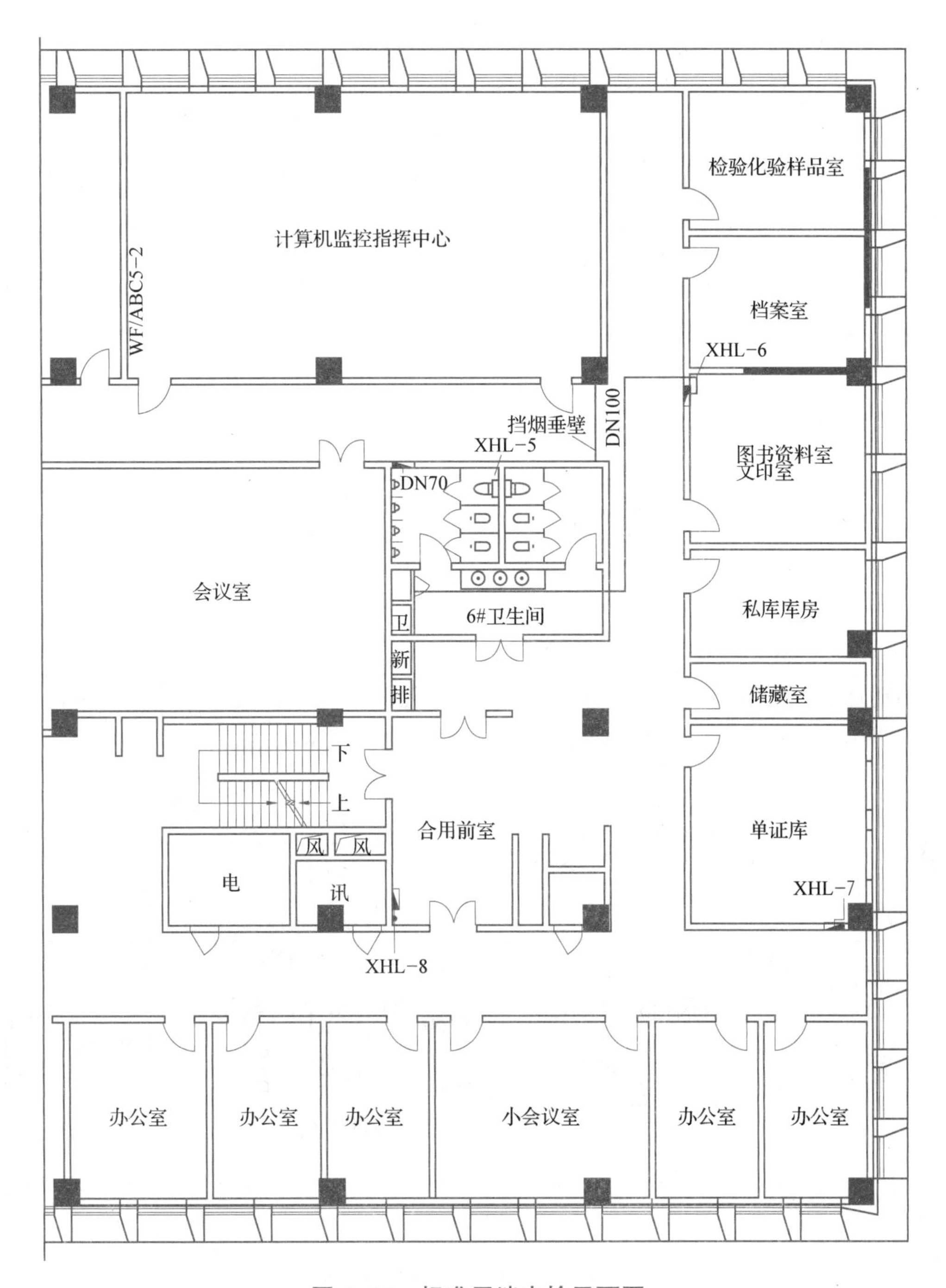

图 4-20　标准层消火栓平面图

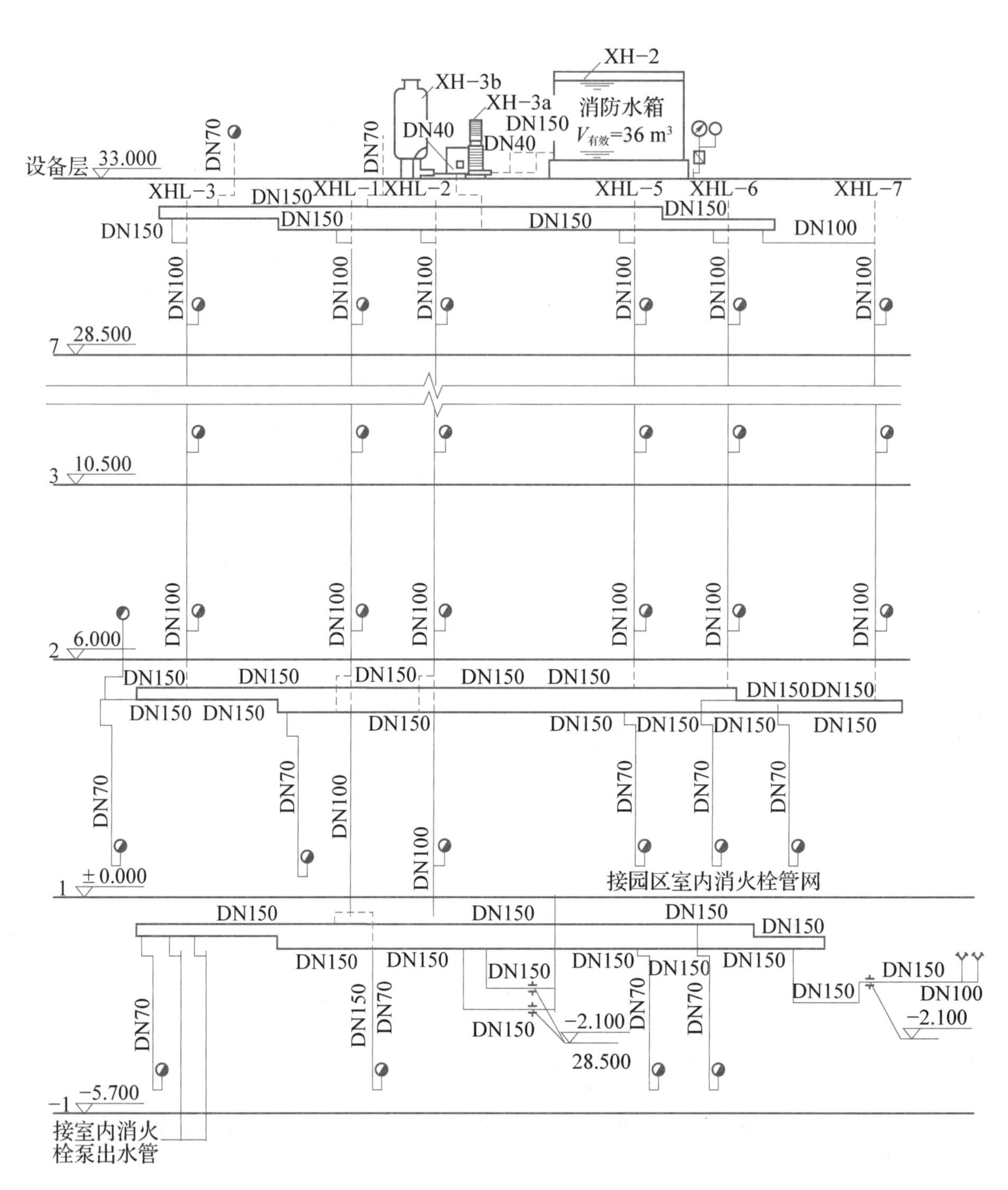

图 4-21 消火栓系统原理图

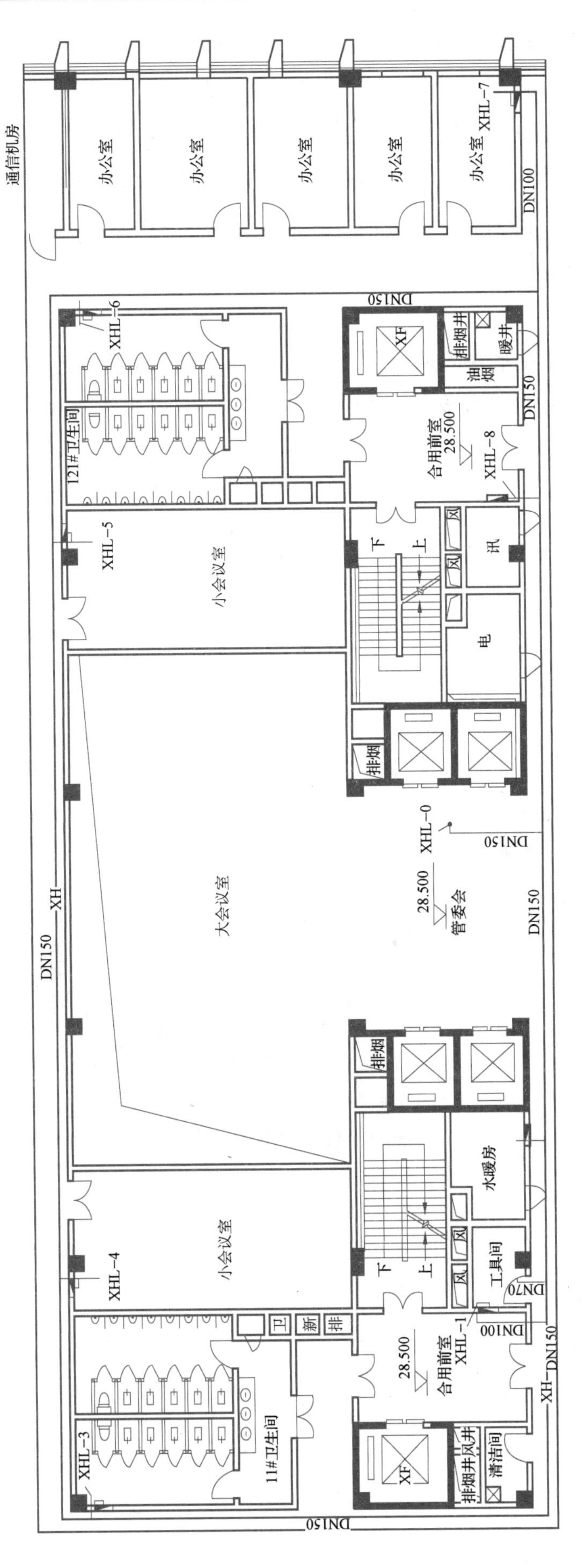

图4-22 顶层消火栓平面图

从图 4-23 及图 4-24 可以识读以下信息：

1）从消防泵房自动喷洒水泵分出 7 条供水线路，其中 2 条线路供应园区自动喷洒管网，剩下 5 条线路中有 1 条供应地下室喷淋管线，其余 4 条作为喷淋立管进入建筑物内。

2）系统内共有 4 根喷淋立管，编号为 ZPL-1～ZPL-3 及 ZPL-W，立管管径均为 DN150。ZPL-1～ZPL-3 的 3 根立管将整个系统分成 3 个加压分区，ZPL-1 带 1～8 层喷淋管道，ZPL-2 带 9～16 层喷淋管道，ZPL-3 带 17～24 层喷淋管道，ZPL-W 是屋面稳压罐及屋面水箱的补水管道。

3）平面图中喷淋立管在水井内从上到下布置，每层喷淋立管均分出一条水平支管，管径 DN150，水平支管再逐渐分水平分支管，管径逐渐下降，直到喷淋点位末端 DN25。

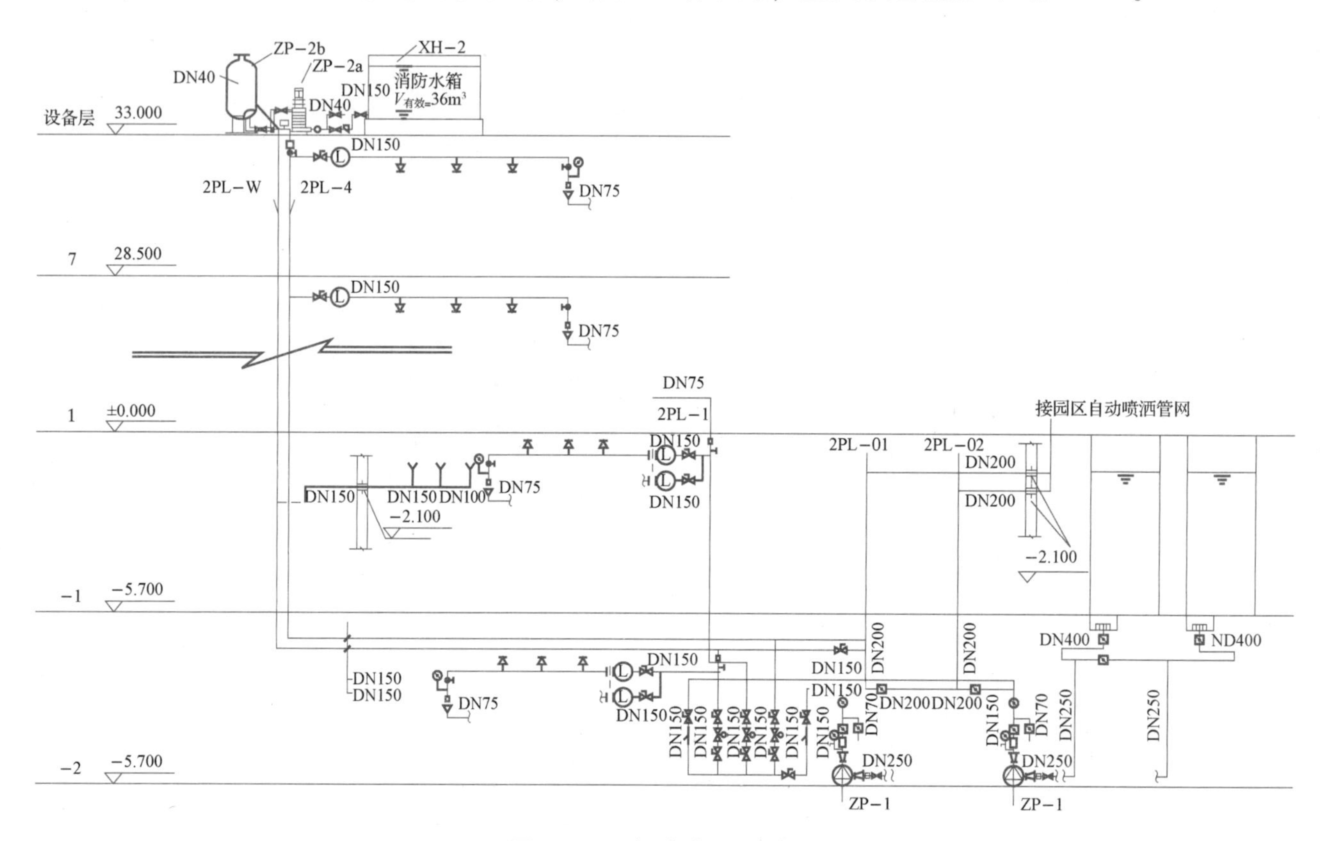

图 4-23 自动喷淋系统图

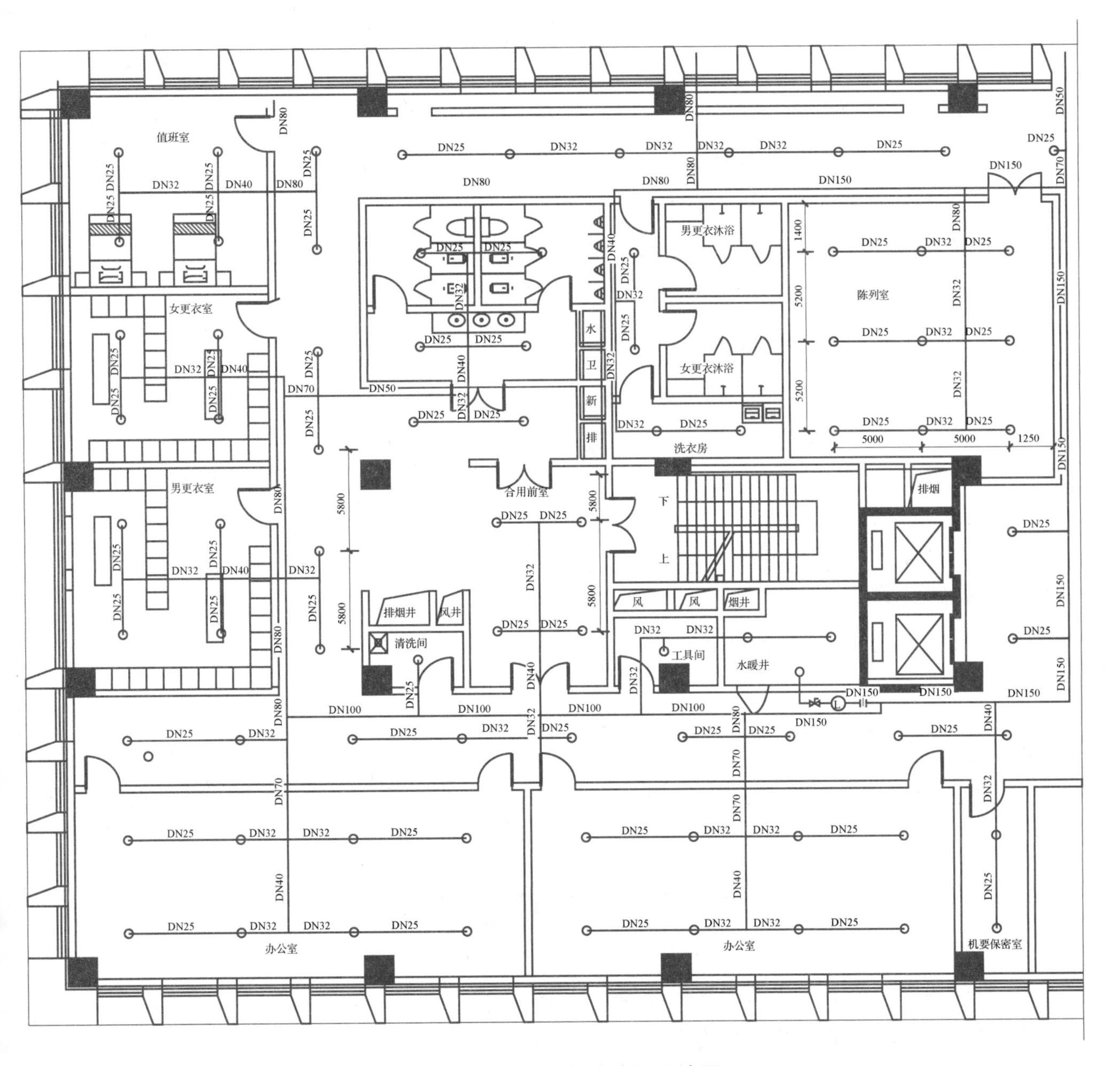

图 4-24　标准层自动喷洒系统图

单元小结

本项目主要介绍了建筑消防给水施工图的相关知识，包括室内消火栓给水系统、自动喷淋系统的内容及识读技巧，并配备高层建筑消防施工图案例进行解说巩固基础理论，使学生能对建筑给水施工图有一个深刻的认识和理解。

学习评价

1. 自我评价

(1) 对建筑消防给水施工图是否有一定了解并能快速解读相关信息?

(2) 是否知道室内消防给水系统?

(3) 是否可以准确识读建筑消防给水平面图、系统图所传达的信息?

2. 学习任务评价表

学习任务评价表如表 4-12 所示。

表 4-12 学习任务评价表

考核项目	分数			学生自评	组长评价	教师评价	小计
	差	中	好				
室内建筑消火栓给水系统的识读能力	9	19	30				
自动喷淋系统施工图的识读能力	9	19	30				
高层建筑建筑消防给水施工图的识读能力	9	19	30				
总分	100						
教师签字:				年 月 日		得分	

复习思考题

1. 建筑消火栓给水施工图中反映了哪些内容?
2. 自动喷淋系统的主要组件有哪些?
3. 简述湿式自动喷淋系统的工作过程，并说明该系统有哪些报警装置，分别有何作用。
4. 为什么要设置水泵接合器?
5. 自动喷淋系统设计的原则有哪些?

单元5

识读居住小区给水排水管道施工图

单元导读

居住小区给水排水管道施工图主要包括给水管道施工图和排水管道施工图，以及排水附属构筑物大样图。

学习目标

1. 理解并掌握居住小区给水排水管道施工图的内容及看图方法和步骤。

2. 识读居住小区给水排水管道施工图，能根据图样识别管材、图例等，结合平面图和系统图识读图样。

3. 掌握居住小区给水排水管道施工图的特点，总结识图的技巧，并在实际工程中予以运用。

4. 引导学生形成居住小区给水排水的初步印象，了解高层住宅给水设计的重要性，从而激发对行业的热爱。

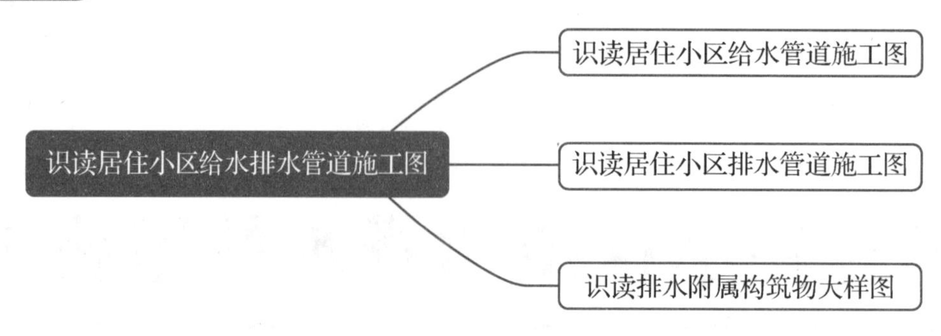

5.1 识读居住小区给水管道施工图

建筑总平面图是表明建筑物建设所在位置平面状况的布置图，是表明新建房屋及其周围环境的水平投影图。它主要反映新建房屋的平面形状、位置、朝向及与周围地形、地貌的关系等。在建筑总平面图中用一条粗虚线来表示用地红线，所有新建、拟建房屋不得超出此红线，并满足消防、日照等规范。建筑总平面图中的建筑密度、容积率、绿地率、建筑占地、停车位、道路布置等应满足设计规范和当地规划局提供的设计要点，其常用的比例有 1∶500、1∶1000、1∶2000 等。

1. 给水系统供水方式

居住小区给水系统供水方式可分为直接供水方式、调蓄增压供水方式和分压供水方式。

（1）直接供水方式

直接供水方式就是利用城市市政给水管网的水压直接向用户供水。当城市供水要求时，应尽量采用这种市政给水管网的水压和水量能满足居住小区的供水方式。

（2）调蓄增压供水方式

当城市市政给水管网的水压和水量不足，不能满足居住小区内大多数建筑水的供水要求时，应集中设置储水调节设施和加压装置，采用调蓄增压供水方式向用户供水。

（3）分压供水方式

当居住小区内既有高层建筑又有多层建筑，建筑物高度相差较大时，应采用分压供水方式供水。这样既可以减少动力消耗，又可以避免多层建筑供水系统的压力过高。

居住小区给水管道可以分为小区给水干管、小区给水支管和接户管 3 类。有时，将小区给水干管和小区给水支管统称为居住小区室外给水管道。在布置小区管道时，应按干管、支管、接户管的顺序进行。为了保证小区供水可靠性，小区给水干管应布置成环状或与城市管网连成环状，与城市管网的连接管不少于两根，且当其中一条发生故障时，其余的连接管应能通过不小于70%的流量。小区给水干管宜沿用水量大的地段布置，以最短的距离向用户供水。小区给水支管和接户管一般为树枝状。

2. 给水系统管道布置

居住小区给水系统的任务是从城镇给水管网（或自备水源）取水，按各建筑物对水量、水压、水质的要求，将水输送并分配到各建筑物给水引入点处。

给水系统的水量应尽量满足小区内全部的用水需求，水压应满足最不利配水点的水压要求，并应尽量利用城镇给水管网的水压直接供水。当城镇给水管网的水压、水量不足时，应设置储水调节和加压装置。居住小区给水系统主要由水源、管道系统、二次加压泵房和储水池等组成。

居住小区供水既可以是生活和消防合用一个系统，又可以是生活系统和消防系统各自独立。若居住小区中的建筑物不需要设置室内消防给水系统，火灾扑救仅靠室外消火栓或消防车，宜采用生活和消防共用的给水系统。若居住小区中的建筑物需要设置室内消防给水系统，如高层建筑，宜将生活和消防给水系统各自独立设置。

3. 给水管道平面图的识读

居住小区给水管道施工图是进行施工安装、工料分析、编制施工图预算的重要依据。它主要由管道平面图、管道纵剖面图和大样图组成。

管道平面图是小区给水管道系统最基本的图形，通常采用1：500~1：1000的比例绘制，在管道平面图（图5-1）上应能表达如下内容：

1）现状道路或规划道路的中心线及折点坐标。

2）管道代号、管道与道路中心线或永久性固定物间的距离、节点号、间距、管径、管道转角处坐标及管道中心线的方位角，穿越障碍物的坐标等。

3）与管道相交或相近平行的其他管道的状况及相对关系。

4）主要材料明细表及图纸说明。

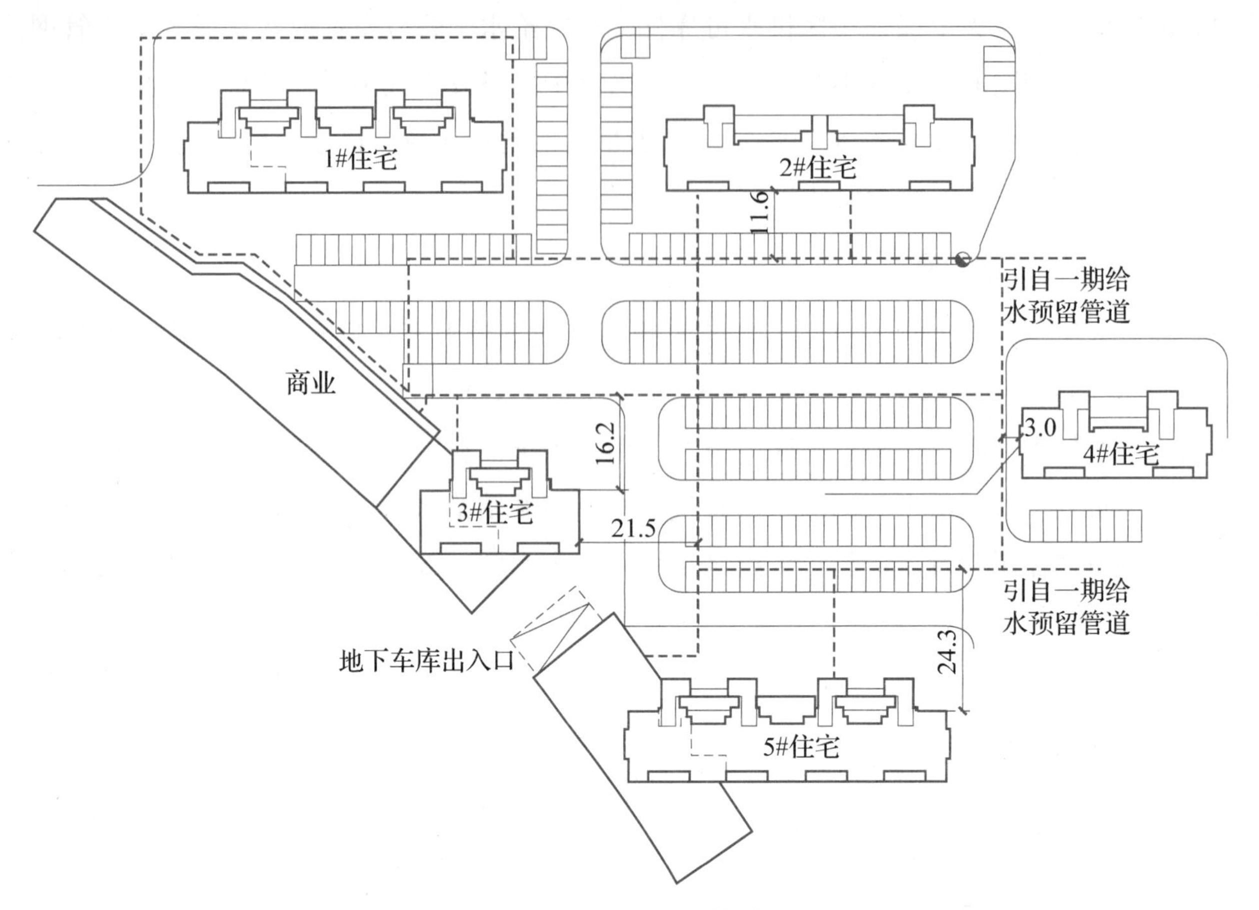

图 5-1 某居住小区给水管道平面图

4. 给水管道纵剖面的识读

小区给水管道纵剖面图可表明小区给水管道的纵向（地面线）管道的坡度、管道的技术井等构筑物的连接和埋设深度，以及与给水管道相关的各种地下管道、地沟等相对位置和标高。因此，管道纵剖面图是反映管道埋设情况的主要技术资料，一般纵向比例是横向比例的5~20倍（通常取10倍）。管道纵剖面图主要表达以下内容：①管道的管径、管材、管长和坡度、管道代号。②管道所处地面标高、管道的埋深。③与管道交叉的地下管线、沟槽的截面位置、标高等。

5. 给水大样图的识读

在小区给水管网设计中，当表达管道数量多，连接情况复杂或穿越铁路、河流等障碍物的重要地段时，若平面图与纵剖面图不能描述完整、清晰，则应以大样图的形式加以补充。大样图可分为节点详图、附属设施大样图、特殊管道布置大样图。

节点详图是用标准符号绘出节点上各种配件（三通、四通、弯管、异径管等）和附件（阀门、消火栓、排气阀等）的组合情况，如图 5-2 所示。

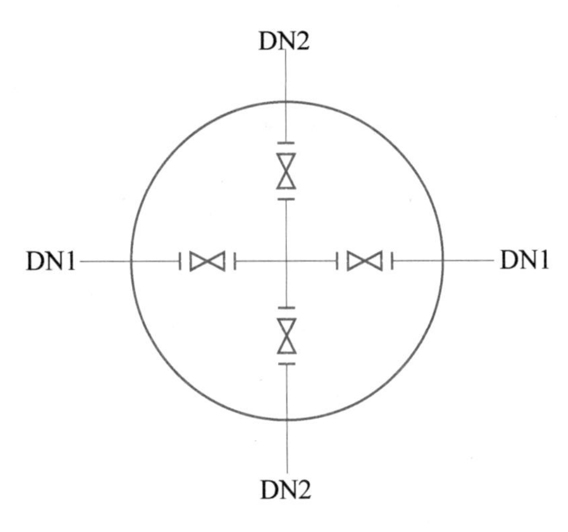

图 5-2 闸阀组合节点图

附属设施详图中管道以双线绘制，如阀门井、水表井、消火栓等附属构筑物，一般设施详图往往有统一的标准图，无须另行绘制。砖砌圆形立式闸阀井如图 5-3 所示。

在小区给水管道节点识图时，可以将室外给水管道节点图与室外给水平面图中相应的给水管道图对照着看，或由第一个节点开始，顺次看至最后一个节点止。

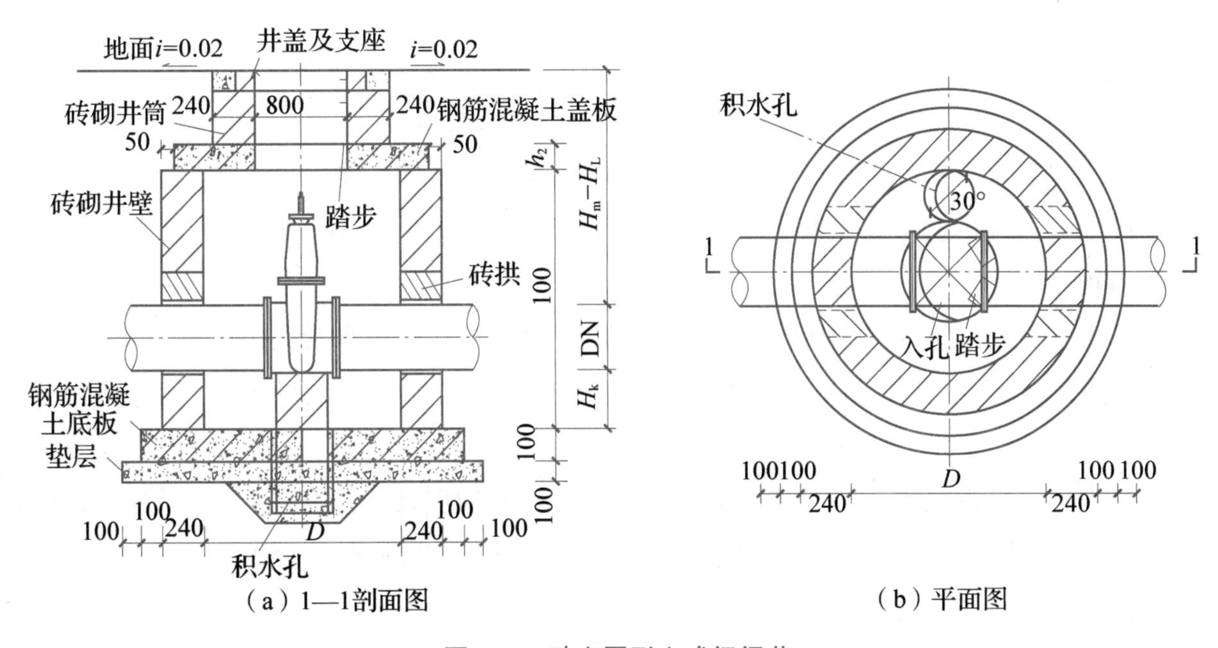

图 5-3 砖砌圆形立式闸阀井

5.2 识读居住小区排水管道施工图

居住小区排水系统的任务是将小区建筑物中产生的污废水及雨水及时排放到市政污水（雨水）管道中。居住小区排水体制分为分流制和合流制，采用哪种排水体制，主要取决于城市排水体制和环境保护要求。同时，也与居住小区是新区建设还是旧区改造及建筑内部排水体制有关。新建小区一般应采用雨污分流制，以减少对水体和环境的污染。居住小区内需设置中水系统时，为简化中水处理工艺，节省投资和日常运行费用，还应将生活污水和生活废水分质分流。当居住小区设置化粪池时，为减小化粪池容积也应将污水和废水分流，生活污水进入化粪池，生活废水直接排入城市排水管网、水体或中水处理站。

1. 排水体制及管道的布置

居住小区排水管道的布置应根据小区总体规划、道路和建筑物布置、地形标高、污水、废水和雨水的去向等实际情况，按照管线短、埋深小、尽量自流排出的原则确定。居住小区排水管道的布置应符合下列要求：

1）排水管道宜沿道路或建筑物平行敷设，尽量减少转弯及与其他管线的交叉，如不可避免，与其他管线的水平和垂直最小距离应符合规范的相关要求。

2）干管应靠近主要排水建筑物，并布置在连接支管较多的一侧。

3）排水管道应尽量布置在道路外侧的人行道或草地的下面，不允许平行布置在铁路的下面和乔木的下面。

4）排水管道应尽量远离生活饮用水给水管道，避免生活饮用水受到污染。

5）排水管道与其他地下管线及乔木之间的最小水平净距、垂直净距应符合规范的相关要求。

6）排水管道与建筑物基础间的最小水平净距与管道的埋设深浅有关，但当管道埋深浅于建筑物基础时，最小水平净距不小于1.5m；否则，最小水平间距不小于2.5m。

2. 排水系统总平面图的识读

小区排水工程图主要包括排水系统总平面图、小区排水管道平面布置图、管道纵断面图和详图。排水管道平面布置图和纵断面图是排水管道设计的主要图样。下面将主要识读排水系统总平面图、排水管道平面图、排水管道纵断面图。

小区排水系统总平面布置图，用来表示一个小区排水系统的组成及管道布置情况，如图5-4所示。

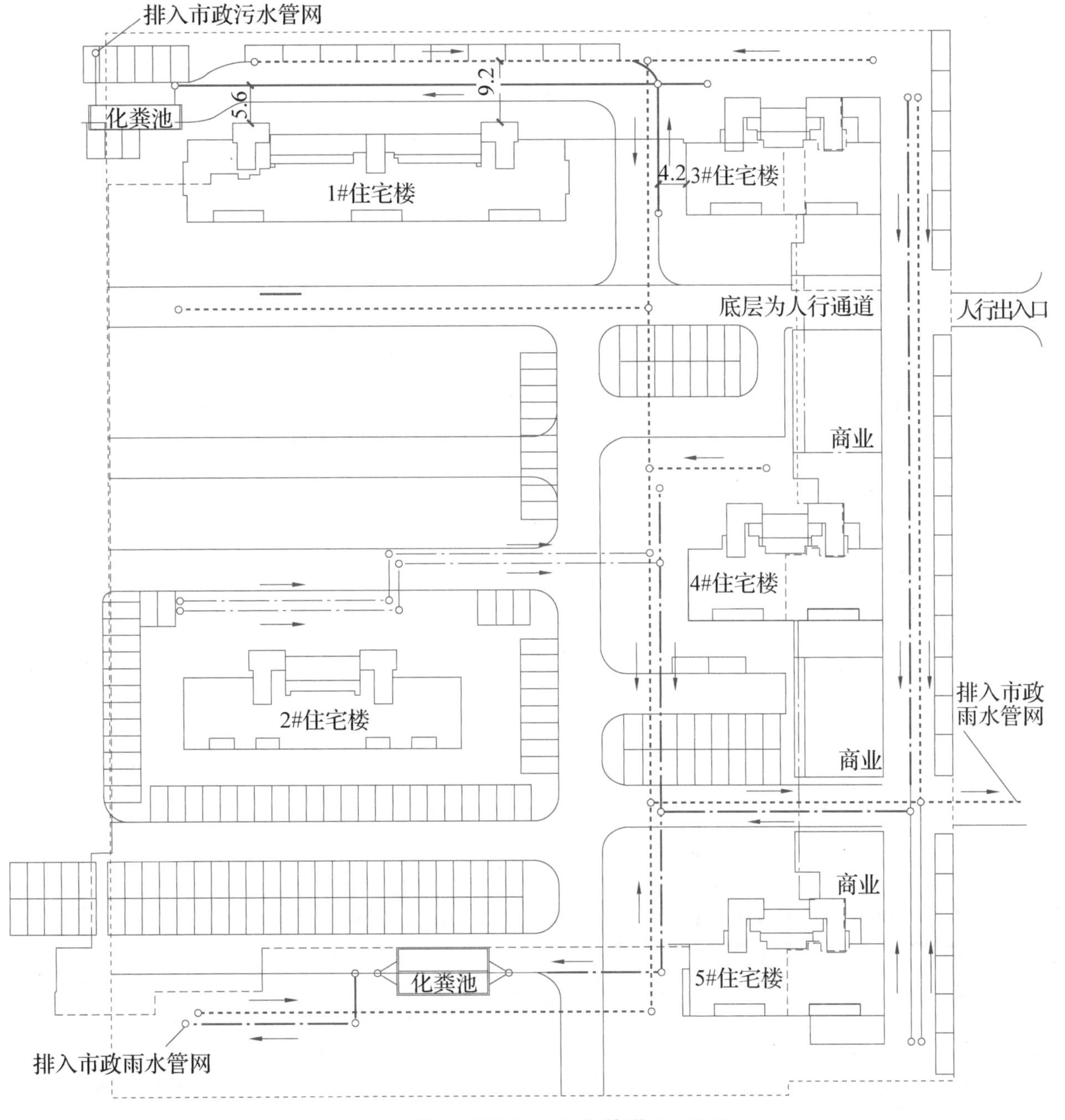

图 5-4 某小区污水、雨水管道总平面图

图示内容：

1）小区建筑总平面，图中应标明室外地形标高，道路、桥梁及建筑物底层室内地坪标高等。

2）小区排水管网干管布置位置等。

3）各段排水管道的管径、管长、检查井编号及标高、化粪池位置等。

小区排水管道平面图是管道设计的主要图样，根据设计阶段的不同，图样表现深度也有所不同。施工图阶段排水管道平面图一般要求比例尺为 1：1000~1：1500，图上标明地形、地物、河流、风玫瑰或指北针等。在管线上画出设计管段起终点的检查井，并编上号码，标明检查井的准确位置、高程，以及居住区街坊连接管或工厂废水排出管接入污水干管管线主干管的准确位置和高程。图上还应标有图例和施工说明。

图 5–4 为某小区污水、雨水管道平面图。其中，点画线为污水管道，虚线为雨水管道。污水管道在小区西北方向和西南方向分别有一出水口，污水经化粪池排入市政污水管道；雨水管道在园区南部排入市政雨水管道。污水、雨水管道在园区内基本并行铺设。图 5–4 中示意性箭头表示管道中水流的流向。

污水管道分两个分支，北部分支系统较小，仅输送 1 号楼和 3 号楼的污废水。其他住宅楼及商业建筑中的污废水由南侧分支污水管道输送排放。

雨水管道将园区中地面径流和屋顶产生的雨水收集，通过各分支管道汇合至园区南侧总出水管排放。

3. 排水管道平面图的识读

排水管道平面图是排水管道设计的主要图样，如图 5–5 所示。

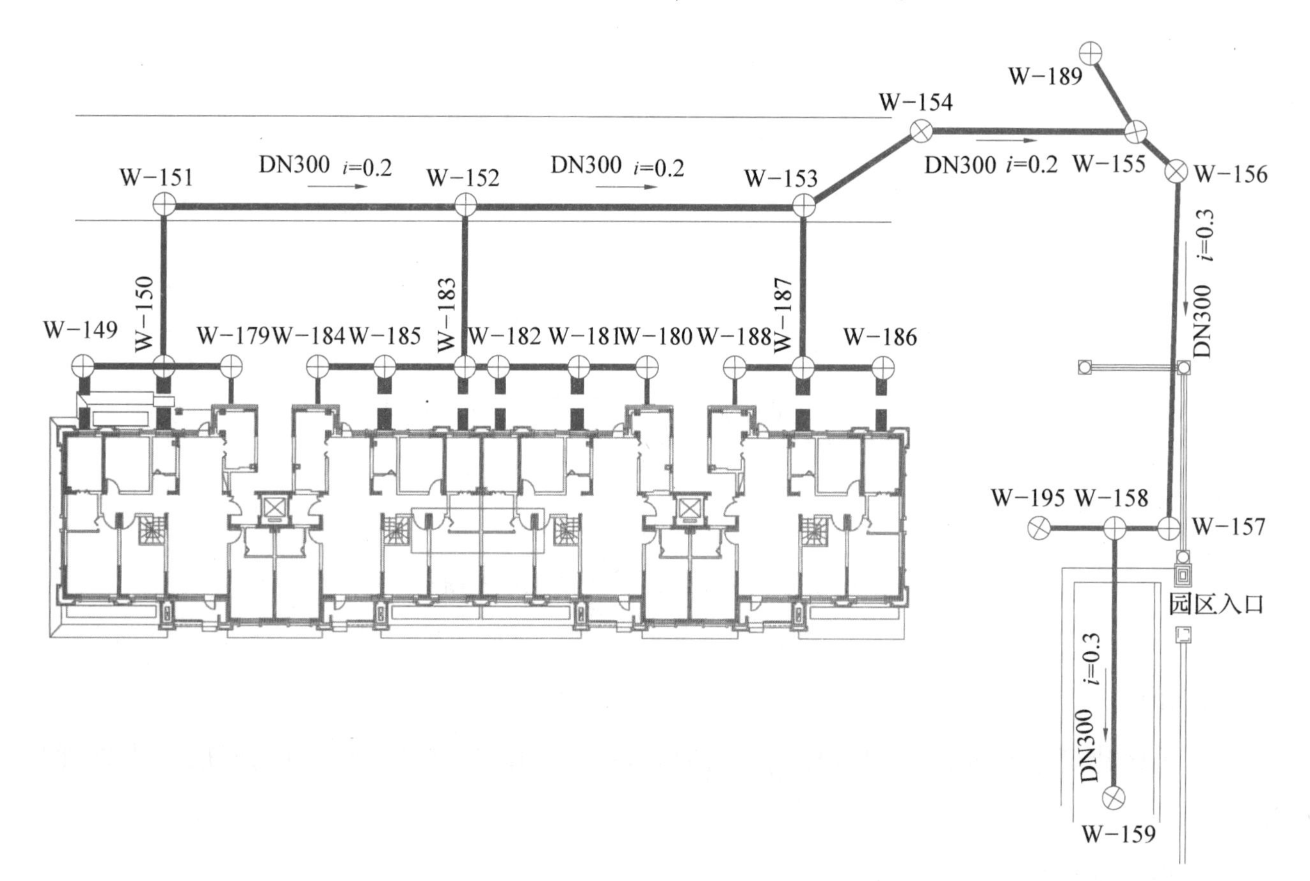

图 5–5 小区污水管道平面布置图

（1）污水管道平面图的识读

图 5-5 中的污水管道将 B-16 住宅中的污水排放到市政下水道中。管道系统包括新建污水管道及雨水管道，这两种管道分别接入市政污、雨水管道。图 5-5 反映了污水管道的平面布置情况。

污水管道北侧与建筑物 B-16 平行布置，在检查井 W-158 和检查井 W-159 之间与雨水管道有交叉，管径为 DN400，污水管道纵断面图显示该污水管道在雨水管道的下方。污水管道主干管为 W-149～W-159。

检查井 W-149～W-156 之间的管道管径均为 DN300，采用的坡度均为 0.2。检查井 W-153～W-154 管段有一个向北的偏转。检查井 W-155～W-156 又向东南向有一偏转。

检查井 W-156～W-159 管径为 DN300，采用的坡度均为 0.3。

（2）雨水管道平面图的识读

图 5-6 为小区雨水管道平面布置图。雨水管道分别与建筑物 B-7 和 B-8 平行布置。雨水管道主干管为 Y-76～Y-84，Y-86～Y-83 为分支管。

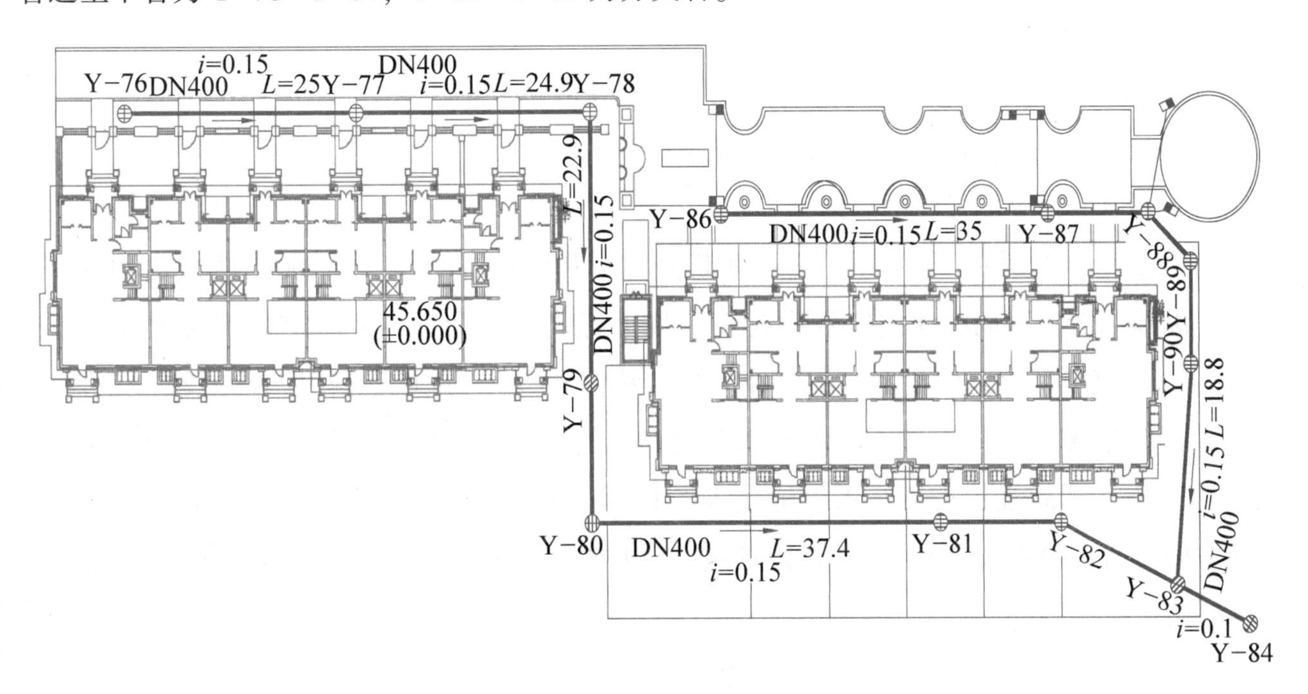

图 5-6 小区雨水管道平面布置图

检查井 Y-76～Y-83 之间的管道管径均为 DN400，采用的坡度均为 0.15。检查井 Y-78～Y-80 管段有一个向正南的偏转。检查井 Y-80～Y-82 又向东侧有一偏转。检查井 Y-82～Y-84 又向东南侧有一偏转。

检查井 Y-83～Y-84 管径为 DN600，采用的坡度均为 0.1。

4. 排水管道纵断面图的识读

排水管道纵断面图是排水管道设计的主要图样之一。排水管道断面图分为排水管道纵断面图和排水管道横断面图两种，常用排水管道纵断面图。室外排水管道纵断面图是室外排水工程图中的重要图样，它主要反映室外排水平面图中某条管道在沿线方向的标高变化、地面起伏、坡度、坡向、管径和管基等情况。这里仅介绍室外排水管道纵断面图的识读。施工图阶段排水管道纵断面图一般要求水平方向的比例尺为1∶50~1∶100。纵断面图上应反映出管道沿线高程位置，它是和平面图相对应的。图中应绘出以下内容：

1）给出排水管道高程表，包括排水管道检查井编号、管道长度、管径、坡度、设计地面标高、设计管内底标高、管底埋深、基础类型等。

2）给出地面高程线、管线高程线、检查井沿线支管接入处的位置、管径、高程，以及其他地下管线、构筑物交叉点的位置和高程。

（1）管道纵断面图的识读步骤

1）首先看该管道纵断面图形中有哪些节点。

2）在相应的室外排水平面图中查找该管道及其相应的各节点。

3）在该管道纵断面图的数据表格内查找其管道纵断面图形中各节点的有关数据。

（2）污水管道纵断面图的识读

图5-7所示为某室外污水管道的纵断面图。其纵向比例为1∶100，横向比例为1∶1000。纵断面图的纵向标注内容依次为设计地面标高、设计管内底标高、管底埋深、管径（坡度）、管道长度、基础类型、检查井编号。从图5-7中可以了解各检查井及管段的相关信息。检查井W-158~W-159有一雨水管道接入标高为47.314m，管径为DN400。检查井W-150处有个圆圈表示有一污水管道接入，其标高为47.462m，管径为DN300，在前进方向的右侧接入该检查井（W-152等类似）。W-155、W-156地面坡降较大，W-155为跌水井，跌落高度1.06m。

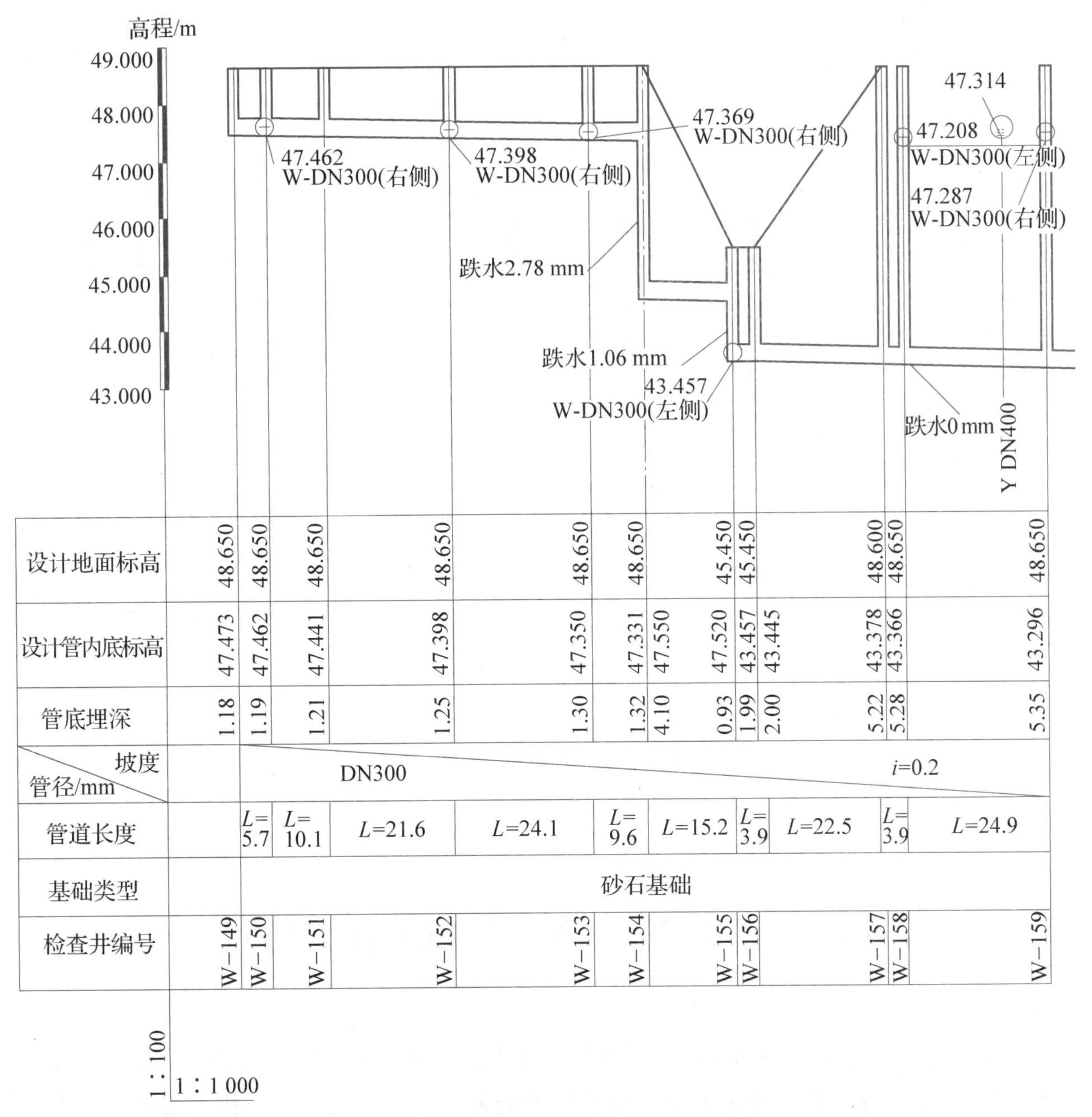

检查井编号	W-149	W-150	W-151	W-152	W-153	W-154		W-155	W-156		W-157	W-158	W-159
设计地面标高	48.650	48.650	48.650	48.650	48.650	48.650		45.450	45.450		48.600	48.650	48.650
设计管内底标高	47.473	47.462	47.441	47.398	47.350	47.331	47.550	47.520	43.457	43.445	43.378	43.366	43.296
管底埋深	1.18	1.19	1.21	1.25	1.30	1.32	4.10	0.93	1.99	2.00	5.22	5.28	5.35

管径/mm 坡度	DN300 i=0.2
管道长度	L=5.7, L=10.1, L=21.6, L=24.1, L=9.6, L=15.2, L=3.9, L=22.5, L=3.9, L=24.9
基础类型	砂石基础

图 5-7 某室外污水管道的纵断面图

(3) 雨水管道纵断面图的识读

图 5-8 为某室外雨水管道的纵断面图。其纵向比例为 1∶100，横向比例为 1∶1000。纵断面图的纵向标注内容依次为设计地面标高、设计管内底标高、管底埋深、管径（坡度）、管道长度、基础类型、检查井编号，从图中可以了解各雨水检查井及管段的相关信息。检查井 Y-83 有一雨水管道接入标高为 43.821m，管径为 DN400，跌水高点为 0.2m。

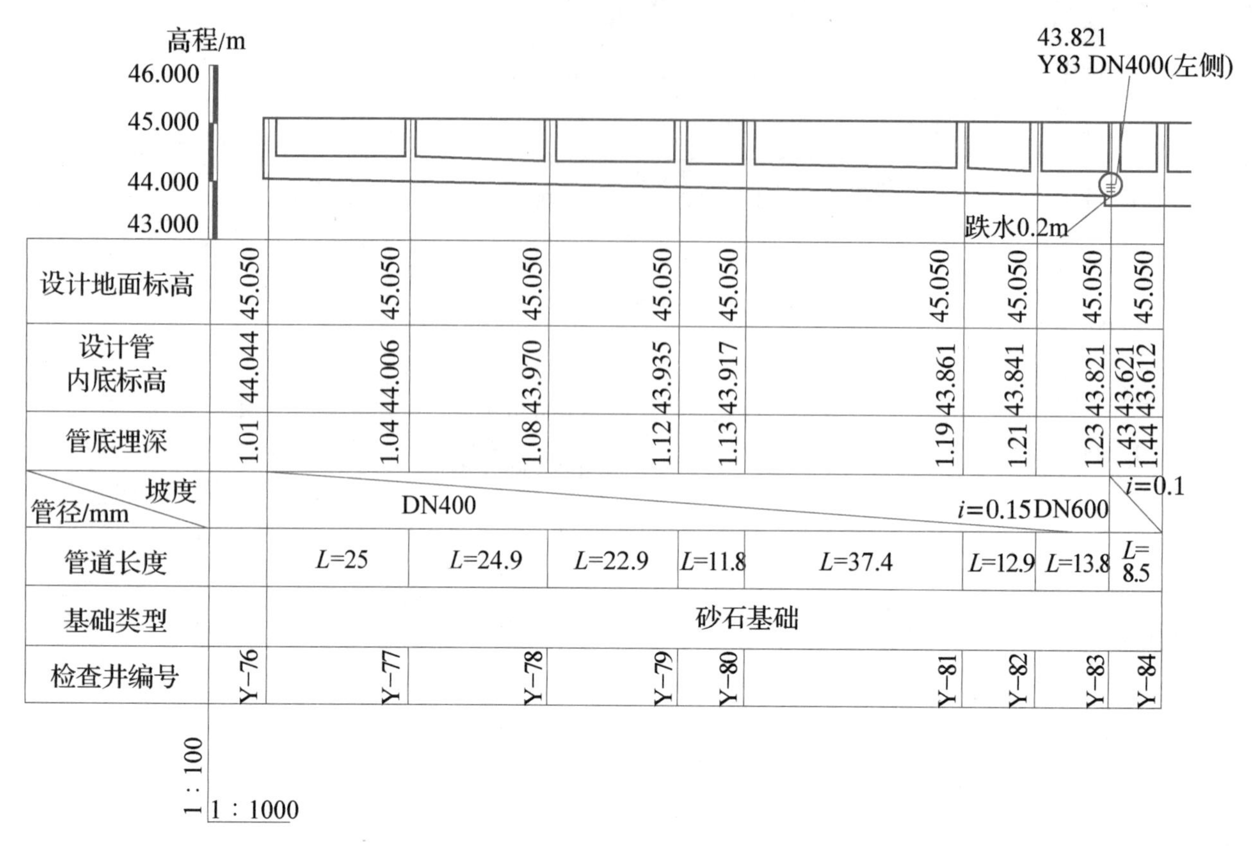

图 5-8 某室外雨水管道的纵断面图

5.3 识读排水附属构筑物大样图

由于排水管道平面图、纵断面图所用比例较小，排水管道上的附属构筑物均用符号画出，附属构筑物本身的构造及施工安装要求都不能表示清楚。因此，在排水管道设计中，一般用较大的比例画出附属构筑物施工大样图。大样图比例通常为 1∶5、1∶10 或 1∶20。

1. 跌水井

水头高度及跌水方式按水力计算确定。跌水水头总高度过大时采用多个跌水井分级跌水方式。跌水井大样图如图 5-9 所示。

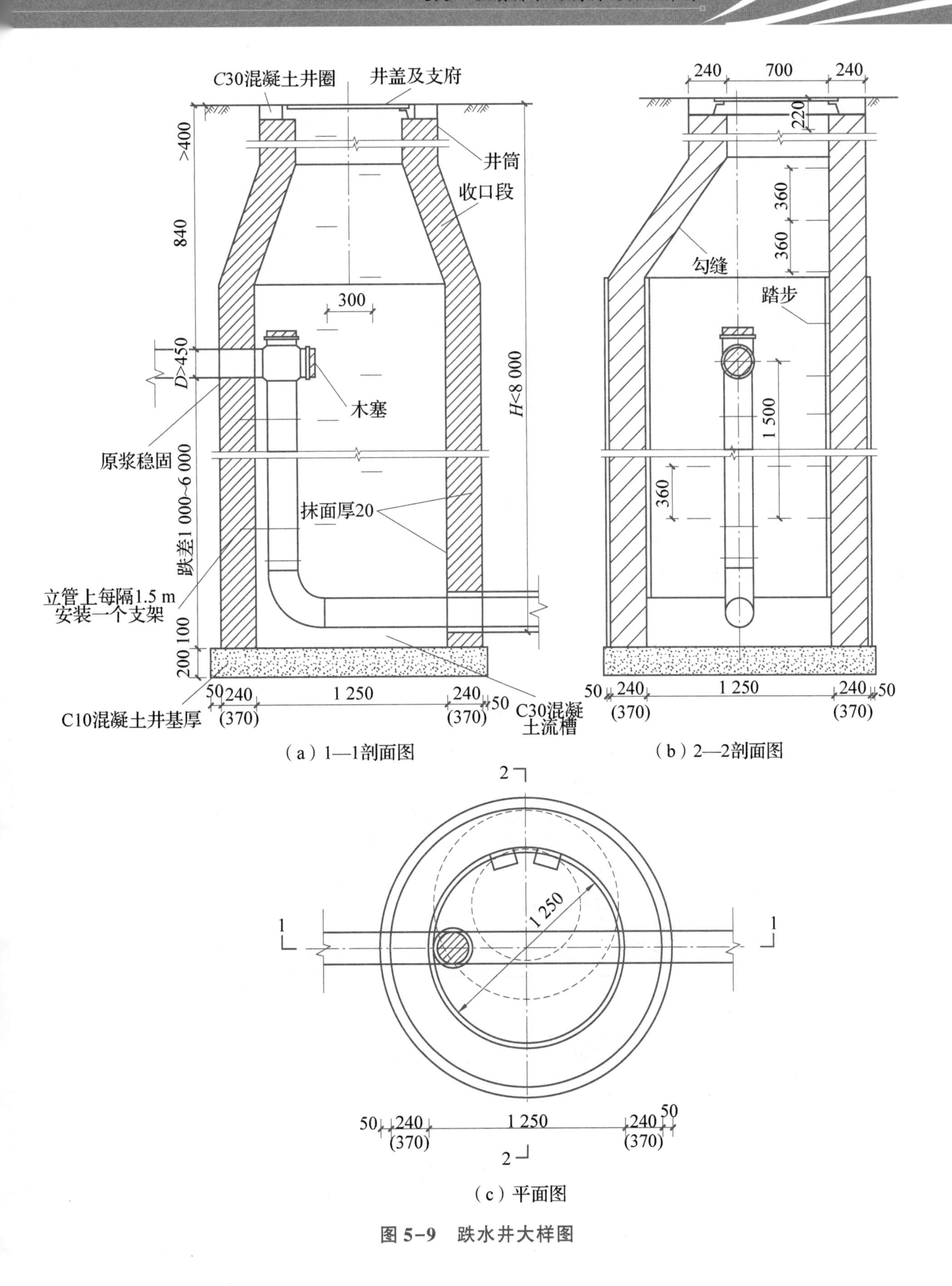

(a) 1—1剖面图

(b) 2—2剖面图

(c) 平面图

图 5-9 跌水井大样图

2. 识读化粪池

化粪池有圆形和矩形两种，多采用矩形，在污水量较少或地盘较小时可考虑圆形化粪池。矩形化粪池长、宽、高的比例可根据平流沉淀池的设计计算理论，按污水悬浮物的沉降条件和积存数量由水力计算确定。化粪池的设计流量较小时，宽度不得小于 0.75m，深度不得小于 1.3m。为减少污水和腐化污泥的接触时间，便于清淘污泥，改善运行条件，化粪池常做成两格或三格，其结构如图 5-10 所示。

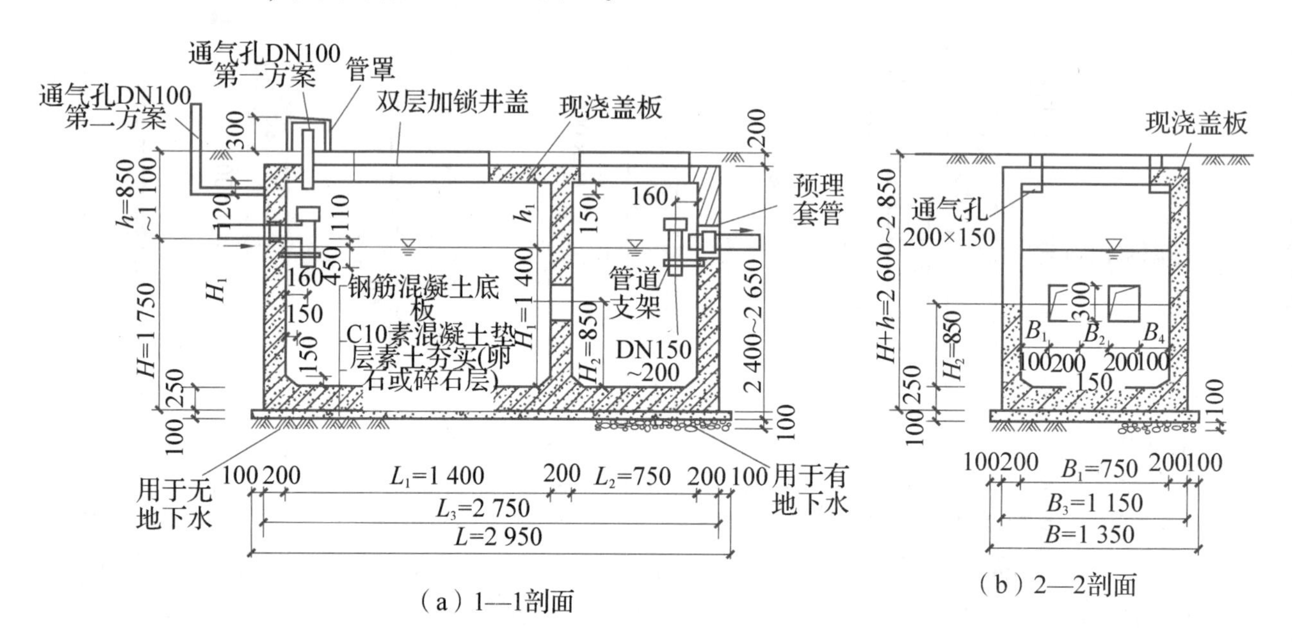

(a) 1—1剖面　　(b) 2—2剖面

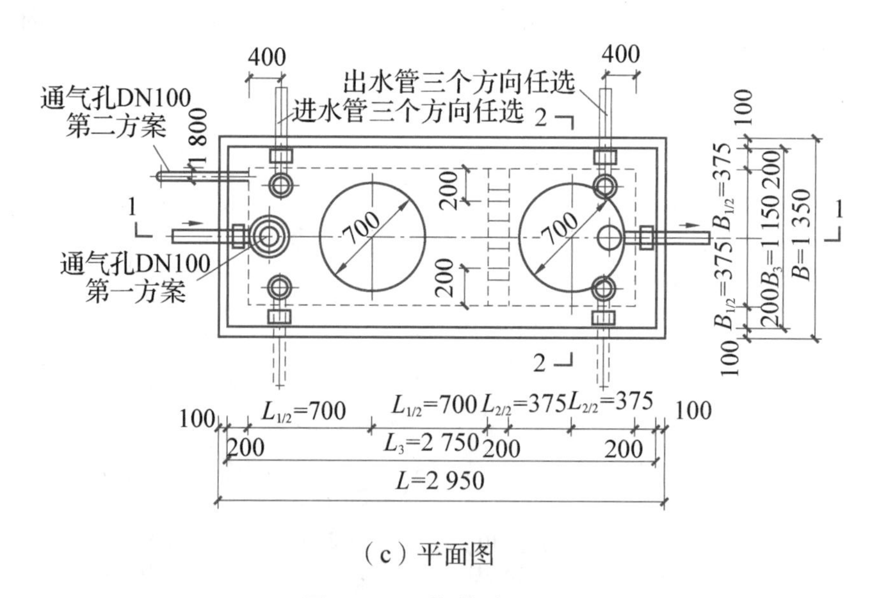

(c) 平面图

图 5-10　化粪池

3. 识读隔油池

食品加工车间、公共食堂和饮食业排放的污水中，含有较多的动物油脂和植物油脂，此类油脂进入排水管道后会凝固附着于管壁，缩小或阻塞管道。汽车库、汽车洗车台及其他类似的场所，排水中含有汽油和机油等矿物油，进入管道后会挥发、聚集在检查井处，达到一定浓度后，容易发生爆炸和引起火灾，破坏管道。因此，对于上述含油废水需进行隔油处理后方可排入排水系统。隔油池内存油容积可取该池容积的25%。当处理水质要求较高时可采用两级除油池。向除油池中曝气可提高除油效果，曝气量可取 $0.2m^3/m^2$，水力停留时间可取30min。对夹带杂质的含油污水，应在隔油井内设沉淀部分，生活污水和其他污水不得排入隔油池内，以保障隔油池正常工作，其结构如图5-11所示。

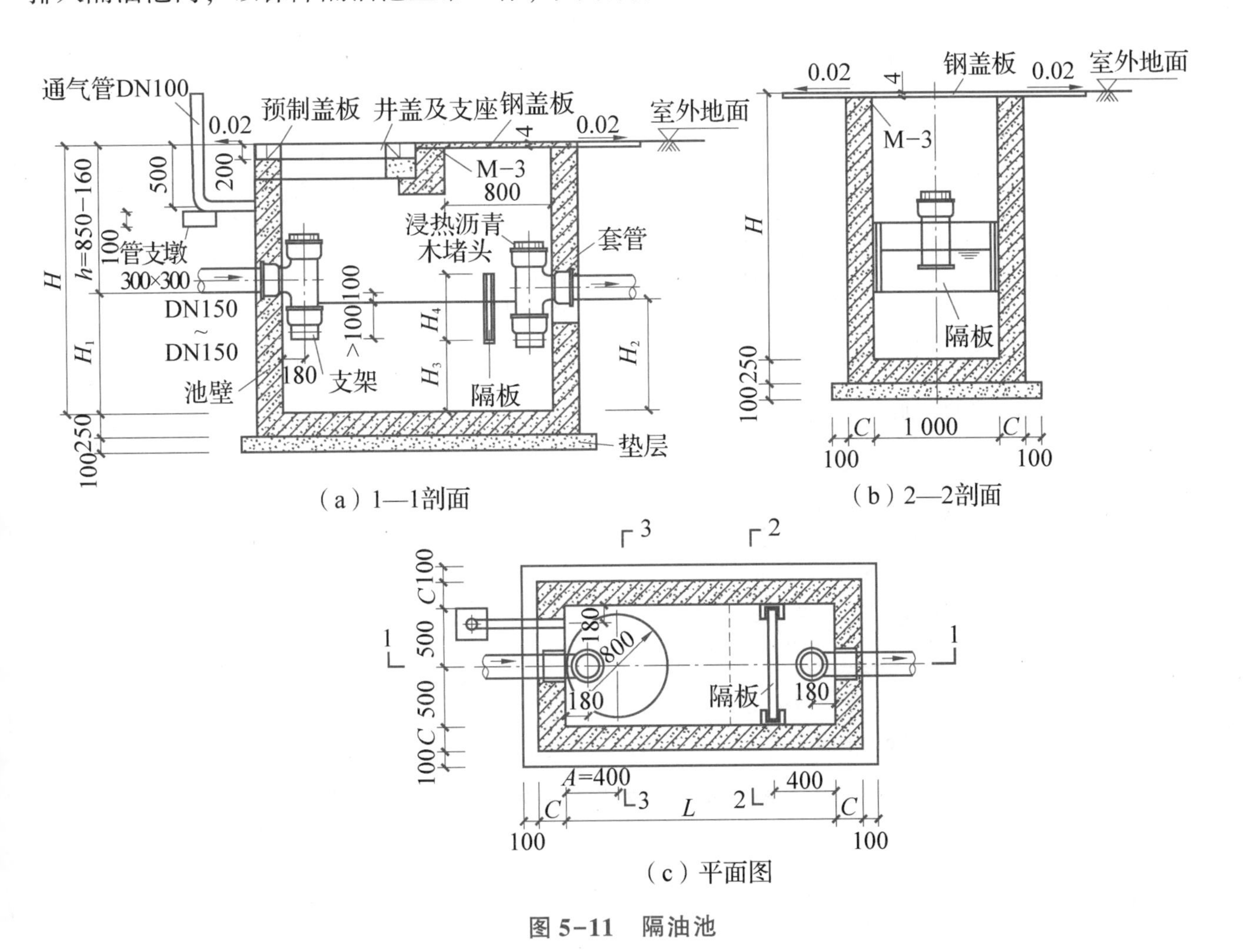

图5-11 隔油池

4. 识读检查井

检查井井深为盖板顶面到井底的深度，工作室高度可从导流槽算起，合流管道由管底算起，一般为 1.80m。检查井的内径，当井深小于 1.0m 时直径大于 600mm，井深大于 1.0m 时，井的直径不宜小于 700mm。检查井底导流槽转弯时，其中心线的转弯半径按转角大小和管径确定，且大于最大管的管径。塑料排水管与检查井采用柔性接口或承插管件连接。排水检查井大样图如图 5-12 所示。

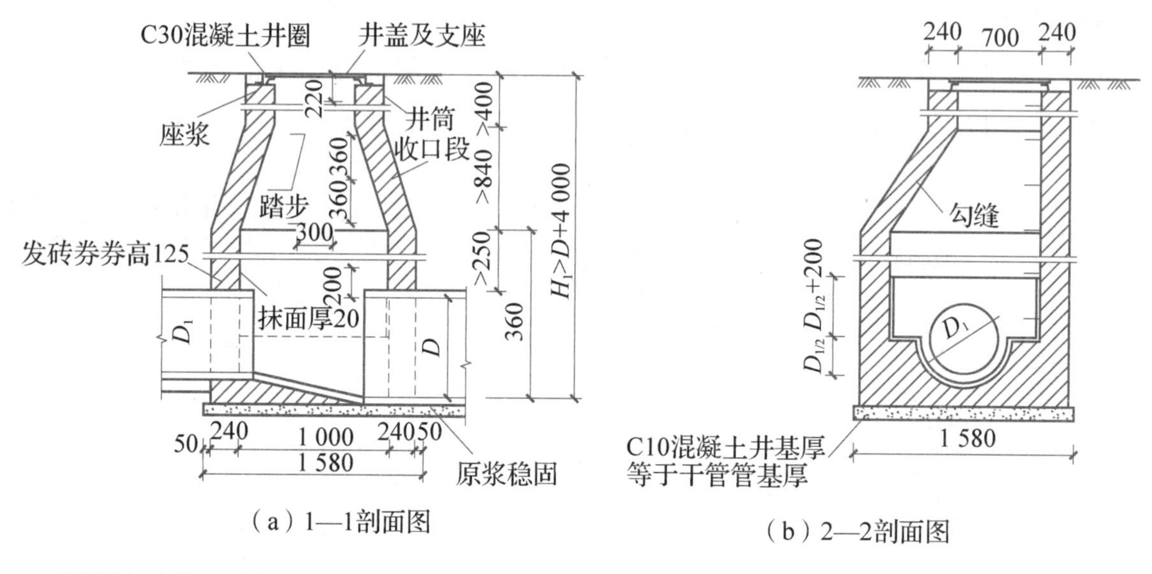

（a）1—1剖面图

（b）2—2剖面图

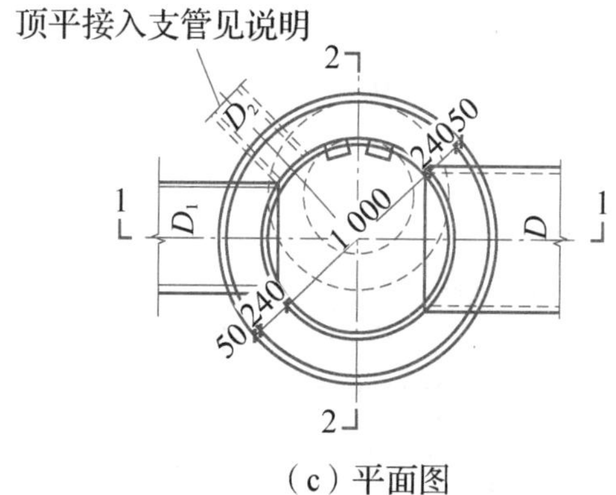

（c）平面图

图 5-12 排水检查井大样图

5. 识读雨水口

平箅雨水口的箅口宜低于道路路面 30~40mm，低于土地面 50~60mm。雨水口的深度应大于 1m。雨水口大样图如图 5-13 所示。

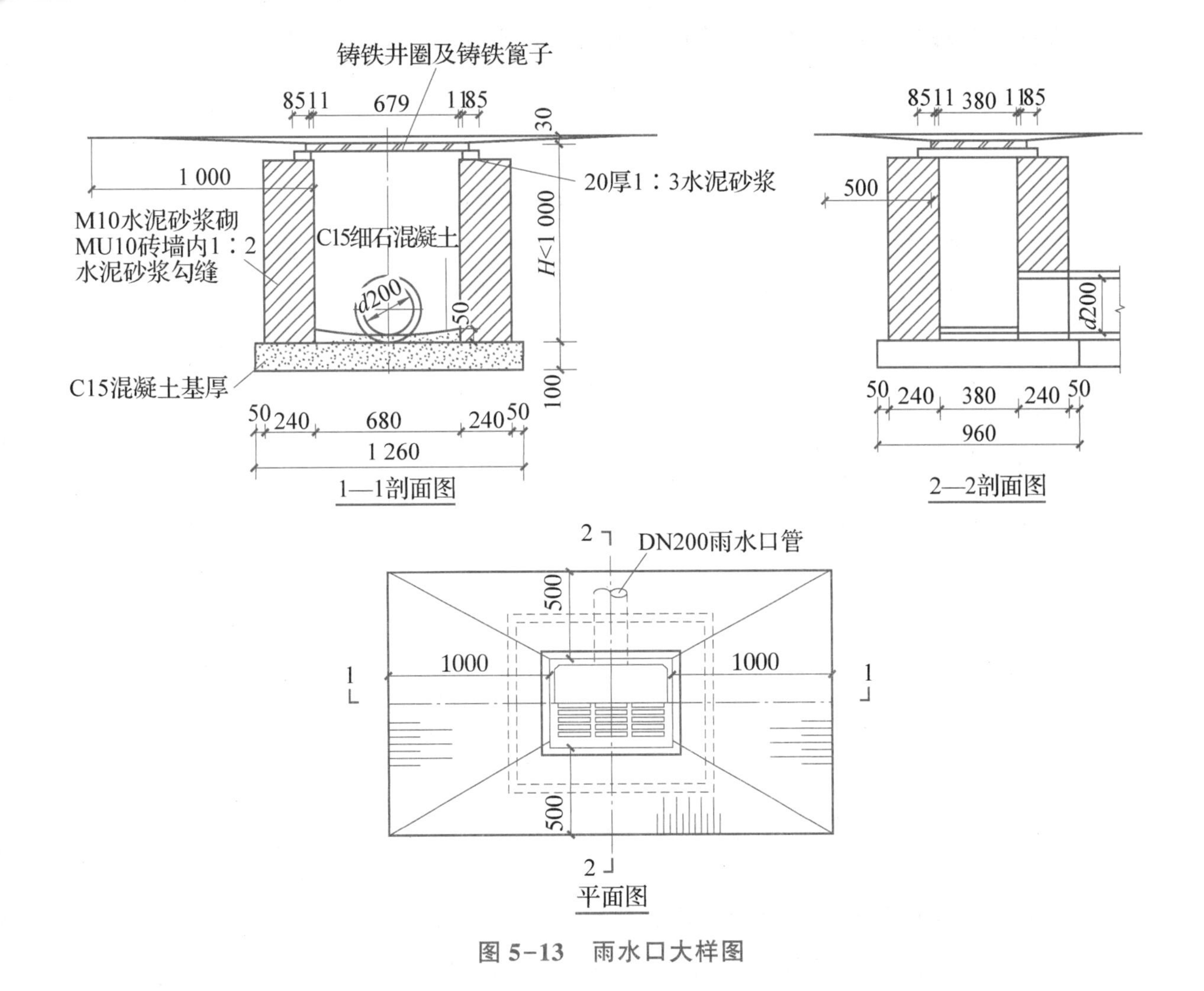

图 5-13 雨水口大样图

单元小结

本项目主要介绍了居住小区给水管道施工图、建筑排水管道施工图、排水附属构筑物的内容及识读技巧，并配备相应的案例进行解说，为学生在学习给水排水相关知识技能打下一个良好的基础。

学习评价

1. 自我评价

(1) 对居住小区平面图是否有一定了解并能快速解读相关信息?

(2) 是否了解居住小区排水系统图所包含的信息及所传达的意思并能够准确用语言表述出来?

(3) 是否了解居住小区给水排水管道施工图的内容及各种标准符号所传达的信息?

2. 学习任务评价表

学习任务评价表如表 5-1 所示。

表 5-1 学习任务评价表

考核项目	分数			学生自评	组长评价	教师评价	小计
	差	中	好				
团队合作精神	6	13	20				
居住小区给水平面图的识图能力	6	13	20				
居住小区排水平面图的识图能力	6	13	20				
排水附属构筑物大样图的识图能力	6	13	20				
居住小区排水系统图的识图能力	6	13	20				
总分	100						
教师签字:				年 月 日		得分	

复习思考题

1. 居住小区给水管道施工图由哪些图构成?各图类分别表达了什么信息?

2. 居住小区排水管道施工图如何进行识读?建筑平面图各部位的具体做法是什么,如防水、地面、墙面装饰等?

3. 排水附属构筑物大样图的各部件构成及其作用分别是什么?

参考文献

[1] 中华人民共和国住房和城乡建设部. 给水排水工程基本术语标准：GB/T 50125—2010 [S]. 北京：中国计划出版社，2010.

[2] 中华人民共和国建设部. 给水排水工程管道结构设计规范：GB 50332—2002 [S]. 北京：中国建筑工业出版社，2003.

[3] 周业梅. 建筑设备识图与施工工艺 [M]. 2版. 北京：北京大学出版社，2015.

[4] 程灯塔. 建筑工人识图速成与技法 [M]. 南京：江苏科学技术出版社，2007.

[5] 朴芬淑. 建筑给水排水施工图识读 [M]. 2版. 北京：机械工业出版社，2013.

[6] 张国栋. 给水排水工程识图与预算 [M]. 北京：中国电力出版社，2016.